高等医药院校实验教材

医学生物化学与分子生物学实验

主　审　冯友梅
主　编　孙　军
副主编　袁　萍　章　洁
编　者　（按姓氏笔画排序）
王　玉　田　俊　过健俐　刘　琳
孙　军　张建民　张　颖　宗义强
段秋红　袁　萍　章　洁

科学出版社
北　京

内 容 简 介

本书是高等医药院校实验教材。全书内容分为四篇，第一篇为生物化学技术基本理论（第一章至第六章）。第二篇为常用医学生物化学实验（第七章），共 14 个实验，其中 9 个常用的生化实验及临床生化检验，以及 5 个生物化学综合性实验，主要是培养学生对生物大分子进行分离分析的综合实验技能，同时也包含了实验动物学、药理学、生理学等相关基本知识和基本技能的综合。第三篇为分子生物学技术基本理论（第八章至第十章）。第四篇为分子生物学实验，即重组 DNA 表达载体的构建和鉴定（第十一章）。以 DNA 重组的基本过程为主线，围绕重组 DNA 技术的各个环节介绍了 10 个分子生物实验。这些实验都在教学中采用过，并取得了较好的教学效果。

本书可适用于医药、综合性大学有关专业的本科生、长学制学生及研究生的实验课程，也可供其他生物化学与分子生物学实验技术工作者参考。它是一本高等学校生物化学与分子生物学实验教材，也是一本小型生物化学与分子生物学实验技术工具书。

图书在版编目（CIP）数据

医学生物化学与分子生物学实验 / 孙军主编. —北京：科学出版社，2016.8
ISBN 978-7-03-049471-9

Ⅰ. ①医… Ⅱ. ①孙… Ⅲ. ①医用化学–生物化学–实验–医学院校–教材 α医药学–分子生物学–实验–医学院校–教材 Ⅳ. ①Q5–33 ②Q7-33

中国版本图书馆 CIP 数据核字(2016)第 179848 号

责任编辑：朱 华 / 责任校对：何艳萍
责任印制：赵 博 / 封面设计：陈 敬

科学出版社 出版
北京东黄城根北街 16 号
邮政编码：100717
http://www.sciencep.com
三河市骏杰印刷有限公司印刷
科学出版社发行 各地新华书店经销
*
2016 年 8 月第 一 版 开本：787×1092 1/16
2025 年 6 月第 七 次印刷 印张：9
字数：204 000
定价：38.00 元
（如有印装质量问题，我社负责调换）

前　言

本书是高等医药院校实验教材。华中科技大学同济医学院生物化学与分子生物学系近二十年，先后编写多个版本的《生物化学实验》和《分子生物学实验技术》，在此基础上，本着继承与创新相结合的精神，吸取了以上各版教材的精华，在教学中发挥了良好作用基础上，总结经验，重新整理编写成这本新的实验教材。

生物化学与分子生物学是一门重要的医学基础课程。许多疾病的病因、发病机制都需要从分子水平上进行阐述；也需要用生物化学和分子生物学的方法去解决一些疾病的预防、诊断和治疗。因此，生物化学与分子生物学实验技术的发展、创新是推动生物化学与分子生物学理论飞速发展的动力之一，也是自然科学研究技术的重要组成部分。

近年来，生物化学与分子生物学新的实验技术和方法层出不穷。分子克隆技术日新月异，双向电泳、生物芯片和质谱等技术为基础的组学研究方兴未艾，不仅推动着生物化学与分子生物学的理论飞速发展，而且已广泛地运用于基础医学研究和临床诊断治疗的各个领域，并不断得到新的充实与发展。

全书内容分为四篇，第一篇为生物化学技术基本理论(第一章至第六章)。第二篇为常用医学生物化学实验(第七章)，共 14 个实验，其中 9 个常用的生化实验及临床生化检验，以及 5 个生物化学综合性实验，主要是培养学生对生物大分子进行分离分析的综合实验技能，同时也包含了实验动物学、药理学、生理学等相关基本知识和基本技能的综合。第三篇为分子生物学技术基本理论(第八章至第十章)。第四篇为分子生物学实验，即重组 DNA 表达载体的构建和鉴定(第十一章)。以 DNA 重组的基本过程为主线，围绕重组 DNA 技术的各个环节介绍了 10 个分子生物实验。这些实验都在教学中采用过，并取得了较好的教学效果。

本书可适用于医药、综合性大学有关专业的本科生、长学制学生及研究生的实验课程，也可供其他生物化学与分子生物学实验技术工作者参考。它是一本高等学校生物化学与分子生物学实验教材，也是一本小型生物化学与分子生物学实验技术工具书。

由于本书编写过程中增加的内容比较多，也比较新，难免有不妥之处，希望广大读者提出宝贵意见。

孙　军　袁　萍　章　洁

2016 年 7 月

目　录

第一篇　生物化学技术基本理论

第二篇　常用医学生物化学实验

第三篇 分子生物学技术基本理论

第四篇 分子生物学实验

第一篇 生物化学技术基本理论

第一章 分光光度技术

分光光度法(spectrophotometry)是根据物质具有选择性吸收不同波长的光，每种物质都具有其特异的吸收光谱，而建立起来的一种定量、定性分析的技术，也称为吸收光谱法(absorption spectrometry)。其理论依据是Lambert和Beer定律。

分光光度法是比色法的发展。比色法只限于在可见光区，分光光度法则由可见光区扩展到紫外光区和红外光区。比色法用滤光片产生单色光，谱带宽度为40～120nm，精度不高，而分光光度法则采用棱镜或光栅产生单色光，其光谱带宽最大不超过3～5nm，且具有较高的波长精度。本章仅讨论紫外及可见分光光度技术。

紫外及可见分光光度技术是一种分析技术。它不需要我们把欲分析的样品从混合物中分离开来，即可利用样品特殊的吸收峰或特殊的显色反应，直接进行定性、定量的分析。具有操作简单、灵敏度高、选择性强、定量分析的精密度和准确度都很高的优点。但是直接利用紫外光谱进行定性的能力相对较弱，通常还需与红外、色谱、质谱等技术结合才能作出可靠的定性鉴定。

第一节 分光光度技术的基本原理

一、光的基本知识

光是由光量子组成的，具有二重性，即不连续的微粒性和连续的波动性。波长和频率是光的波动性的特征，可用下式表示：

$$\lambda = c/\gamma$$

式中λ为波长，具有相同的振动相位的相邻两点间的距离叫波长。γ为频率，即每秒钟振动次数。c为光速，等于299 770±4km/s。光属于电磁波。

自然界中存在各种不同波长的电磁波，列成表1-1所示的波谱图。分光光度法所使用的光谱范围在200nm至10μm(1μm=1000nm)之间。其中200～400nm为紫外光区，400～760nm为可见光区，760～10 000 nm为红外光区。

表1-1 电磁波谱

区域	波长		来源
	M	常用单位	
γ射线	10^{-12}～10^{-10}	10^{-3}～0.1nm	原子核

续表

区域	波长		来源
	M	常用单位	
X 射线	10^{-10}～10^{-18}	0.1～10nm	内层电子
远紫外	10^{-8}～2×10^{-7}	10～200nm	中层电子
紫外	2×10^{-7}～4×10^{-7}	200～400nm	外层价电子
可见	4×10^{-7}～7.6×10^{-7}	400～760nm	外层价电子
红外	7.6×10^{-7}～5×10^{-5}	0.76～50μm	分子振动与分子转动
远红外	5×10^{-5}～10^{-3}	50～1 000μm	分子振动与分子转动
微波	10^{-3}～1	0.1～100cm	分子转动
无线电波	1～10^{3}	1～1000m	核磁共振

二、朗伯-比尔(Lambert-Beer)定律

利用分光光度技术来进行定量分析，测定物质含量的基本原理根据的是朗伯-比尔定律，此定律是由朗伯定律和比尔定律归纳而得。这个定律讨论了有色溶液对单色光的吸收程度与溶液的浓度及液层厚度间的定量关系。

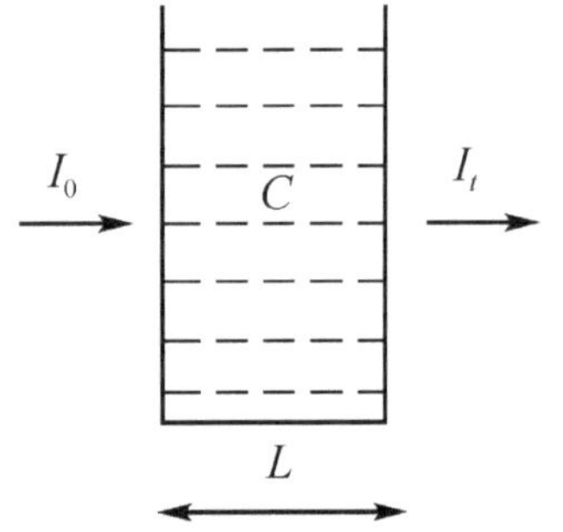

图 1-1 光吸收示意图

1. 朗伯定律 一束单色光通过溶液后，由于溶液吸收了一部分光能，光的强度就要减弱：若溶液浓度不变，则溶液的厚度愈大(即光在溶液中所经过的途径愈长)，光的强度减低也愈显著，见图 1-1。

设光线通过溶液前的强度为 I_0(入射光的强度)，通过液层厚为 L 溶液后，光的强度为 I_t(透过光的强度)，则 $\frac{I_t}{I_0}$ 表示透过光的强度是入射光强度的几分之几，称为透光度(transmittance)，用 T 表示。透光度随溶液厚度的增加而减少，但实践证明，透光度和溶液层厚度间并不存在简单的定量关系，只有透光度的负对数(–lg$T$)才随着溶液厚度的增加而呈正比例增加，即

$$-\lg T=-\lg\frac{I_t}{I_0}=\lg\frac{I_0}{I_t}\propto L$$

将上述比例写成等式，得到 $\lg\frac{I_0}{I_t}=K_1L$

式中 $\lg\frac{I_0}{I_t}$ 称为吸光度(absorbance，A)，又称为消光度(degree of extinction，E)或光密度(optical density，OD)，所以

$$A=K_1L \tag{1-1}$$

式(1-1)中 K_1 为比例系数，其值取决于入射光的波长，溶液的性质和浓度以及溶液的温度等。

式(1-1)表明，当溶液的浓度不变时，吸光度与溶液液层的厚度呈正比，这就是朗伯定律。

2. 比尔定律　当一束单色光通过有色溶液后，溶液液层的厚度不变而浓度不同时，溶液度愈大，则透射光的强度愈弱，其定量关系如下：

$$\lg\frac{I_0}{I_t}=K_2C$$

$$A=K_2C \tag{1-2}$$

式(1-2)中 C 为有色物质溶液的浓度；K_2 为比例系数，其值取决于入射光的波长，溶液的性质和液层的厚度，以及溶液的温度等。

式(1-2)表明，当溶液液层的厚度不变时，吸光度与溶液的浓度呈正比，这就是比尔定律。

3. 朗伯-比尔定律　如果同时考虑吸收层的厚度和溶液浓度对光吸收的影响，将朗伯定律和比尔定律合并起来，得到

$$\lg\frac{I_0}{I_t}=KLC$$

$$A=KLC \tag{1-3}$$

这就是朗伯-比尔定律，它表示溶液的吸光度与溶液浓度和液层厚度的乘积呈正比。式(1-3)中 K 是比例常数，式(1-3)中若 L 用厘米表示，C 用 W/V 浓度或摩尔浓度表示，则比例常数 K 称为吸光系数或消光系数。

三、吸 光 系 数

吸光系数的物理意义是吸光物质在单位浓度及单位厚度时的吸光度。在给定条件(单色光波长、溶剂、温度、pH)下，吸光系数是物质的特征量，它和该物质分子在基态和激发态之间的跃迁概率有关。不同物质对同一波长的单色光，可有不同的吸光系数。吸光系数通常有两种表示方式：

1. 摩尔吸光系数　指 1 摩尔浓度的溶液在厚度为 1cm 时，在某一特定波长下的吸光度，用 ε 或 E_M 表示。

2. 百分吸光系数　其意义指某物质的 1%(W/V)浓度的溶液，在厚度为 1cm 时，在某一特定波长下的吸光度，用 $E^{1\%}$来表示。

两种吸光系数表示方式之间的关系是

$$\varepsilon=\frac{M}{10}\cdot E^{1\%} \tag{1-4}$$

式(1-4)中 M 是吸光物质的分子量。摩尔吸光系数一般不超过 10^5 数量级，通常把 ε 值达到 10^4 的划分为强吸收，小于 10^2 的划为弱吸收，介于二者之间的为中强吸收。

吸光系数 ε 和 $E^{1\%}$一般都不能直接测得，需用已知准确浓度的稀溶液测得吸光度后经换算而得到。例如浓度为 28.9mg/L 的尿苷三磷酸钠盐二水合物(Mr=586)的水溶液，在波长 262 nm，用 1cm 光径吸收池测得吸光度 A 为 0.507。则

$$E^{1\%}=\frac{A}{C\times L}=\frac{0.507}{28.9\times10^{-3}\times10}=175.4$$

$$\varepsilon=\frac{M}{10}\cdot E^{1\%}=\frac{586}{10}\times 175.4=1.028\times10^4$$

不同的物质可能会有相同的最大吸收波长，但其吸光系数不一定相同，可以作为定性

分析的依据之一。ε 或 $E^{1\%}$值愈大，说明该物质溶液对光吸收愈强烈，则分光分析测定的灵敏度愈高。

第二节 分光光度计的基本结构和使用

一、分光光度计的基本结构

能从含有各种波长的混合光中将每一单色光分离出来并测量其强度的仪器称为分光光度计。

分光光度计因使用的波长范围不同而分为紫外光区、可见光区、红外光区以及万用(全波段)分光光度计等。无论哪一类分光光度计都由下列五个基本部分组成，即光源、单色器、狭缝、样品池，检测及显示系统。

(一)光源

要求能提供所需波长范围的连续光谱，稳定而有足够的强度。常用的有白炽灯(钨丝灯、卤钨灯等)，气体放电灯(氢灯、氘灯及氙灯等)，金属弧灯(各种汞灯)等多种。钨灯和卤钨灯发射 320 ~ 2000nm 连续光谱，最适宜工作范围为 360～1000nm，稳定性好，用作可见光分光光度计的光源。氢灯和氘灯能发射 150～400nm 的紫外结，可用作紫外光区分光光度计的光源。汞灯发射的不是连续光谱，能量绝大部分集中在 253.6nm 波长外，一般作波长校正用。钨灯在出现灯管发黑时应及更换，如换用的灯型号不同，还需要调节灯座的位置的焦距。氢灯及氘灯的灯管或窗口是石英的，且有固定的发射方向，安装时必须仔细校正接触灯管时应戴手套以防留下污迹。

(二)单色器(分光系统)

单色器是指能从混合光波中分解出所需波长光线的装置，有棱镜及光栅两种类型。

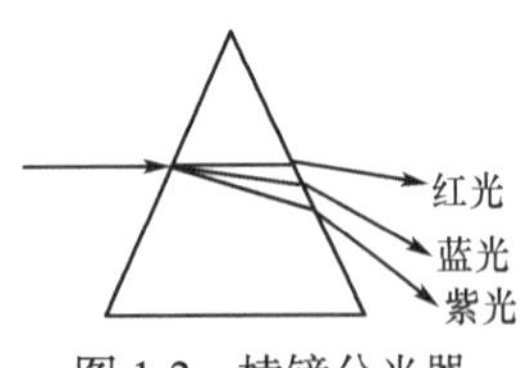

图 1-2 棱镜分光器

用玻璃制成的棱镜色散力强，但只能在可见光区工作，石英棱镜工作波长范围为 185～4000nm，在紫外光区有较好的分辨率，而且也适用于可见光区和近红外光区。棱镜的特点是波长越短，色散程度越好，越向长波一侧色散程度越差。所以用棱镜的分光光度计，其波长刻度是不均匀的，在紫外区可达到 0.2nm，而在长波段只能达到 5nm(见图 1-2)。

另一类分光系统是衍射光栅，即在石英或玻璃的表面上刻划许多平行线(1000～2400线/mm)，刻线处不透光，通过光的干涉和衍射现象，较长的光波偏折的角度大，较短的光波偏折的角度小而形成光谱。光栅与棱镜不同，它的色散能力在不同的波长区域都是一致的。所以采用光栅的分光光度计，其波长刻度是均匀的，适宜用微机控制，自动设置分析波长或进行波长扫描。

(三)狭缝

狭缝是指由一对隔板在光通路上形成的缝隙，用来调节入射单色光的纯度和强度，也直接影响分辨率。狭缝可在 0～2mm 宽度内调节，狭缝宽时，允许通过光线的带宽大，则光能强但纯度较差，反之则单色性好而强度较弱。采用光栅的分光光度计的狭缝宽度以允许通过光线的带宽来描述。

（四）比色杯

比色杯也叫样品池，吸收器或比色皿，用来盛测定溶液。标准比色皿的光径为 10mm，也有 5mm、20mm 等其他规格，还有带有自动进样装置的流动池。玻璃比色杯只适用于可见光区，在紫外光区测定时要用石英比色杯。

（五）检测及显示系统

把光信号转变成电信号的装置叫做光电检测器。有许多物质在光的照射下能产生电流，因光照射而产生的电流叫做光电流。光线愈强电流愈大，这就是光电效应。光电检测器有三种类型：光电池，光电管，光电二极管。

光电池的种类繁多，最常见的是硒光电池和硅光电池。硒光电池存在有疲劳效应，当连续照射一段时间后会产生光电流下降的现象，因此使用时不宜长时间照射，应随用随关，以防止光电池因疲劳而产生误差。新型的硅光电池已经克服了疲劳效应，正逐渐取代硒光电池。

光电管装有一个阴极和一个阳极，阴极是用对光敏感的金属做成，当光射到阴极且达到一定能量时，金属原子中的电子发射出来，被吸引到阳极上而产生电流。光电管产生电流很小，所以需要放大，分光光度计中常用电子倍增光电管，在光照射下所产生的电流比其他光电管要大得多，这就提高了测定的灵敏度。光电管也存在有疲劳效应。光电二极管，由一行光敏区和二行读出寄存器构成，属于外光电效应，可同时检测多个波长的光强度。寿命长，光谱响应范围宽，可靠性高，读出速度快。

检测器产生的光电流以某种方式转变成模拟的或数字的信号，由电流表、电压表、记录器、数码显示器等装置显示出结果，有的是利用计算机处理后输出测试结果。

二、分光光度计的基本类型

分光光度计有几种基本类型，一类是单波长分光光度计，另一类是双波长分光光度计。

单波长分光光度计又可分为单光束和双光束两类。分光光度计的基本类型是单光束分光光度计，它的光路中只有一束光线，根据使用的波长范围不同，分为可见光分光光度计和紫外/可见分光光度计，紫外/可见分光光度计的整个光路系统全部是由光学石英玻璃制成。

双光束分光光度计是由切光器把入射单色光分裂为两束，一束通过样品吸收池，另一束通过参比吸收池，这样它可以自动地扣除参比空白的影响，直接得到样品的吸光度 ΔA 或吸收光谱。双光束分光光度计是—种应用最为便捷的分光光度计，采用计算机自动控制及处理。

此外，分光光度计还有另一种类型，即二极管阵列快速扫描分光光度计，它的检测器由数百个光电二极管组成阵列，同时检测不同波长上的吸光度。所以它的扫描速度极快，从紫外到近红外（190～1000nm）的全波长扫描，仅需 0.15 秒。

当样品中含有两种吸收光谱互相重叠的成分时，采用单波长分光光度计单独测量待测成分的吸光度将遇到很大的困难。双波长分光光度计是让两束不同波长的单色光经切光器分别交替通过同一样品吸收池，而直接读出在这两个波长的吸光度差ΔA的仪器，它可以方便地由ΔA值求出样品中被测组分的含量。选择适当的波长，可以在有干扰组分的存在下，不经分离而测出被测组分的含量。

三、常见分光光度计的使用

722S型分光光度计，是一种数码显示的可见光分光光度计，采用衍射光栅作为单色器，卤素灯作光源，使用波长范围为340～1000nm。除了可直接进行透光率*T*%和吸光度A的测定，还具有浓度因子设定和浓度直读的功能。吸光度的测定，步骤如下：

(1)开机预热15min以上。

(2)转动波长选择钮，选用所需的波长。

(3)将装有空白、标准、样品的比色杯放入比色杯架，使空白管对准光路。

(4)打开样品室暗箱盖(光门自动关闭)，按[0%ADJ]键，即能自动进行机械零点的调整，数码显示为0.000。

(5)盖好比色杯暗箱盖(光门自动开启)，按[100%ADJ]键，即能自动进行空白零点的调整，数码显示为100.0(一次如有误差可再按一次)。

(6)按[MODE]键选择吸光度测定模式(ABS 灯亮)，数码显示自动转换为吸光度值0.000。

(7)拉动比色杯架的拉杆，使测定杯进入光路，从数码显示上即可读出样品的吸光度。

(8)比色完毕后，关上电源开关，取出比色杯，将比色杯暗箱盖好，清洗比色杯并晾干。

【注意事项】 第(5)步调整100%时，整机的自动增益系统的调整可能影响到0%，调整后请检查0%，如有变动，可重复5、6两步操作。

四、使用分光光度计的注意事项

(1)分光光度计必须放置在固定而且不受振动的仪器台上，不能随意搬动，严防振动，潮湿和强光直射。分光光度计内放有硅胶干燥袋，需定期更换。

(2)开机预热15min，待仪器稳定以后再开始进行测定。每年需定期进行波长校准。

(3)必须保证测试样品为澄清的溶液，肉眼几乎看不出来的轻微浊度也能引起读数的严重误差，必要时可通过离心来去除微粒。检测细菌培养液的光吸收时例外。

(4)从冰箱中取出的样品一定要恢复到室温后再进行检测，否则低温会使水蒸汽在比色皿表面凝结，引起读数持续漂移上升。

(5)比色杯盛液量以达到杯容积2/3左右为宜。若不慎将溶液流到比色杯的外表面，则必须先用滤纸吸干，再用擦镜纸或绸布擦净，然后才能把比色杯放入比色杯槽内。移动比色杯槽要轻，以防溶液溅出，腐蚀机件。

(6)不可用手拿比色杯的光学面，禁止用毛刷等物摩擦比色杯的光学面。

(7)用完比色杯后应立即用自来水冲洗，再用蒸馏水洗净，也可用甲醇冲洗。若用上法洗不净时，可用5%的中性皂溶液或洗衣粉稀溶液浸泡，也可用新配制的重铬酸钾-硫酸洗液短时间浸泡，之后立即用水冲洗干净。洗涤后应把比色杯倒置晾干或用滤纸条将水吸去，再用擦镜纸轻轻揩干。

(8)一般应把溶液浓度尽量控制在吸光度值 0.2～0.7 的范围内进行测定。这样所测得的读数误差较小。如吸光度不在此范围内，可调节样品溶液浓度，适当稀释或加浓，使其在仪器准确度较高的范围内进行测定。

第三节　分光光度技术的应用

分光光度分析是获得物质光吸收特性及定量、定性信息的重要手段。所有的样品物质都必须溶解在一定的溶剂中，配成一定浓度的溶液。虽然分析方法多种多样，但归根结缔可分为两类：一是在固定波长下测定物质溶液的吸光度，进行定量分析；二是在一定的波长范围内，测定波长对光密度的函数——吸收光谱，进行定性分析。

一、定量分析

紫外、可见分光光度技术最主要的应用是在定量分析方面。按照 Lamber-Beer 定律，溶液中溶质的吸光度正比于溶质的浓度。在一特定长单色光下测出溶液的吸光度，即可计算出溶液的浓度。

在使用紫外、可见分光光度技术进行定量分析时，一般采用下列方法：

1. 标准曲线(工作曲线)**法**　配制含有与被测组分相同的一系列标准溶液，在被测组分的 λ_{max} 波长下，测定各标准溶液的 A 值，以 A 值为纵坐标，浓度为横坐标，绘出 A-C 曲线。将样品溶液在相同条件下测定 $A_{样}$值，从横坐标上找出与此 $A_{样}$值相对应的浓度，即为样品溶液的浓度。标准曲线的绘制应根据几次实验测得值的平均值进行绘制，这种方法对于大量样品分析或例行测定是比较方便的。在仪器和方法都固定不变的条件下，绘制好标准曲线后可多次使用，不必每次实验都再进行绘制。但如果以后测定的条件有所改变，如仪器经搬动后灵敏度有所改变、试剂用完后重新配制、温度有较大变化等，此时需对标准曲线进行校正或重新绘制。

在实际工作中，测定标准系列的吸光度 A 值后绘制 A-C 曲线时，常出现标准曲线只在一定浓度范围内呈直线关系，当浓度超过一定数值时，其吸光度的增加逐渐趋缓，不再遵守比尔定律。可以此浓度作为上限，重新调整标准系列的浓度并绘制标准曲线。但如果被测溶液浓度在曲线的直线范围内，也可直接进行定量测定。

标准曲线的制备不仅可用于样品的直接定量，而且在一定程度上还可检定所用的方法是否符合朗伯-比尔定律，对于实验技术人员(尤其是初始工作人员)来讲，也可检定其操作技术及实验条件等的控制是否正确无误。同时通过标准曲线的制备还可确定被测样品的最大浓度范围。

2. 对比法分光光度法　可用对比法测定溶液中物质的含量。它只需要利用空白调零后，分别测定标准溶液(浓度已知的溶液)和样品溶液(浓度待测定的溶液)的吸光度，然后进行比较。

$$\frac{A_x}{A_s}=\frac{KC_xL}{KC_sL}=\frac{C_x}{C_s}，\ 即\ C_x=\frac{A_x}{A_s}\times C_s \tag{1-5}$$

式(1-5)中 C_x 代表样品溶液的浓度，C_s 代表标准溶液的浓度，A_x 和 A_s 分别代表样品液和标准液所测得的吸光度值，式(1-5)中只有 C_x 是未知的，可计算得之。

此法适用 A—C 线性良好，且通过原点的情况，由于实际工作中所得到的 A—C 直线往往并非十分理想，为了减少误差，所用标准溶液的浓度应尽可能地与样品液的浓度相接近。

3. 缺乏标准物的测量 计算法在实际工作中，有时会遇上标准物缺乏或不易获得，此时可根据文献所提供的摩尔吸光率(ε)或在制备标准曲线时所求得的平均吸收系数，在相同的方法和条件下，直接测定样品在光径(液层厚度)为 10mm 时溶液的吸光度(A)，按下式计算出样品的浓度(C)：

$$C = \frac{A}{\varepsilon}$$

二、定 性 分 析

使用分光光度计可以绘制吸收光谱曲线。方法是分别用各种波长不同的单色光分别通过某一浓度的溶液，测定此溶液对每一种单色光的吸光度，然后以波长为横坐标，以吸光度为纵坐标绘制吸光度-波长曲线，此曲线即吸收光谱曲线。中、高挡次的分光光度计均可通过波长扫描，自动绘制出样品的吸收光谱曲线。

各种物质有它自己一定的吸收光谱曲线，因此用吸收光谱曲线图可以进行物质种类的鉴定。当一种未知物质的吸收光谱曲线和某一已知物质的吸收光谱曲线形状一样时，则很可能它们是同一物质。一定物质在不同浓度时，其吸收光谱曲线中峰值的大小不同，但形状相似，即吸收高峰和低谷的波长是不变的。

紫外光吸收是由不饱和的结构造成的，含有双键的化合物能表现出吸收峰。紫外光吸收光谱比较简单，同一种物质的紫外光吸收光谱应完全一致，但具有相同吸收光谱的化合物其结构不一定相同。除了特殊情况外，单独依靠紫外光吸收光谱不能决定一个未知物的结构，需要与红外、质谱等其他方法相配合。紫外光吸收光谱分析主要用于已知物质的定量分析和纯度分析。若发现样品的吸收光谱存在有异常吸收峰，可以认为这异常吸收峰是由于样品中存在的杂质所致。

第四节 分光光度法的误差

在分光光度法的实际应用中，测定结果往往会出现一些误差。引起这种偏离的原因很多，大致可分为两类：一类是物理性的原因；一类是化学性原因。

一、物理性原因产生的误差

物理性原因引起的误差，主要指由分光光度计仪器本身引起的误差，包括入射光波长不准确、入射光的单色性不好、微量的杂散光以及因光源的波动、检测器灵敏度波动等引起的偏离等。即使是经过仔细调校的分光光度计，仍要注意下面原因引起的误差。

1. 入射光的纯度 朗伯-比尔定律成立的一个重要前提是要采用单色光。但分光光度计实际使用的入射光并不是严格的单色光，而是由单色器从连续光谱中选择出的一窄段范围的复合光，仍有不同波长的辐射光同时存在。带宽越窄，单色光愈纯，对朗伯-比尔定律的偏差就愈小。

2. 杂散光的干扰　散射光也是引起误差的重要因素。这里所说的散射光是指一切未经过测定溶液吸收，而又落到检测器上引起干扰的光，如室内自然光，经过某些漏洞进入仪器而明显增大了透光度，故高灵敏度的分光光度计宜安装的光线较暗的室内。散射光也包括能透过比色皿的非测定需要的其他波长的光，因效果与散射光一样，故也称为散射光干扰。散射光干扰对高浓度测定特别有害，能使吸光度降低，标准曲线的高浓度部分向下弯曲。

3. 适当的吸光度测定范围　即使将各种因素都控制好，对于浓度过大或过小的样品，误差仍然很大。因为浓度过大的样品，其吸光度过高，影响检测器的灵敏度，且读数标尺刻度的精度差，误差亦大，故难于准确。浓度过低的样品，其吸光度小，则因与仪器本身因素有关，也容易引起检测器标尺上的读数误差。从理论上推算，相对误差的最小的部分在透光度为 36.8%处（或吸光度为 0.4343 处），故通常认为测定值在吸光度 0.20～0.70 范围内（透光度为 20%～65%）误差较小，超出此范围，相对误差均会增大。

二、化学性原因引起的误差

朗伯-比尔定律的讨论范围仅局限于物理学方面，并没有考虑溶液在什么化学条件下才能保持吸光度与浓度间的正比关系，例如溶液的浓度、pH、溶剂、温度等对化学平衡所产生的影响。由于样品的离解、缔合、与溶剂间产生作用、形成络合物等原因，导致溶液的各组分间的比例发生变化。若这些组分的吸收光谱或吸光系数的差别较大，则导致浓度 C 与吸光度 A 之间的关系偏离直线。

浓度对朗伯-比尔定律偏离的另一原因是，在被测物浓度较大时（通常＞0.01mol/L），吸光微粒间的平均距离减小，使相邻微粒的电荷分布互相影响，从而改变了它对光吸收的能力。因此，朗伯-比尔定律一般适用于稀溶液的测定。

（章　洁）

第二章 色谱技术

第一节 概 述

色谱法（chromatography）又称层析法，是一种分离和分析方法，在生物化学、分析化学、有机化学等领域有着非常广泛的应用。

色谱法起源于20世纪初，1906年俄国植物学家米哈伊尔·茨维特使用碳酸钙填充竖立的玻璃管，以石油醚洗脱植物色素的提取液，经过一段时间洗脱之后，植物色素由一条色带分开形成数条平行的色带。由于这一实验将混合的植物色素分离为不同的色带，茨维特将这种方法命名色谱法。色谱法在20世纪50年代后飞速发展，相继出现了液相色谱、气相色谱、薄层色谱、离子交换色谱、凝胶色谱、亲和色谱、正相色谱、反相色谱、高效液相色谱、以及色谱与电泳结合的产物——毛细管电色谱。并发展出一个独立的三级学科——色谱学。

一、色谱法的概念

利用色谱技术分离混合物中各组分时，分离系统一般具有两个基本组成部分：固定相和流动相，其中一相叫作固定相，另一相流过此固定相叫作流动相。混合物各组分在两个相中具有不同的分配系数，当混合物在两相间做相对移动时，不同组分的物质在两相间进行连续多次分配，从而使得结构上具有微小差异的各组分得到以分离。再配合相应的光学、电学、电化学等检测手段，对各组分进行分析。

二、色谱技术的特点

1. 分离效率高 气相色谱的理论塔板数可以到7万～12万，毛细管电泳一般都有几十万的理论塔板数。只要选择好适当的色谱类型和色谱条件就能很好地分离理化性质极为相近的混合物，如同系物、同分异构体，甚至同位素等。

2. 分析速度快 一般只需几分钟到几十分钟，就可以完成一次复杂样品的分离分析。例如毛细管柱气相色谱在25min内就可以完成100多个组分的烃类混合物的分离分析工作。

3. 具有极高的灵敏度 样品组分含量仅数微克都可以进行很好的分析。现代的高效液相色谱常规分析的灵敏度可达微克至纳克水平，气相色谱分析的灵敏度可以达到10^{-11}g，毛细管电泳常规分析的灵敏度可达10^{-12}g。

4. 应用范围广 它广泛地应用于无机物、有机物、低分子或高分子化合物以及具有生物活性的生物大分子的分离和分析。在生物化学领域中常用于各种体液、组织抽提液中的各组分的分离、纯化及检测。在现代生化分析技术和制备方法中，色谱法占有重要地位。

5. 色谱法缺点 色谱法对所分析对象的定性鉴别能力较差，一般来说色谱法是依靠保留值来进行定性分析，相同的保留值可以对应多个化合物，所以色谱法通常要和其他方法配合使用才能发挥更大的作用。如气相色谱/质谱联用、气相色谱/傅立叶红外光谱联用、气相色谱/等离子发射光谱联用、高效液相色谱/电喷雾质谱联用、毛细管电泳/质谱联用等技术。

三、色谱法分类

色谱法分类的方法多种多样，一般可按两相所处的状态、色谱的分离原理、操作形式的不同进行分类。

（一）按两相所处的状态分类

色谱法一般都有两相，流动相可以是液体也可以是气体。按流动相的状态不同，可以分为液相色谱（liquid chromatography，LC）和气相色谱法（gaschromatography，GC）两大类。

固定相可以是固体也可以是液体，液体固定相必须附载在某个固体物质上，这个固体物质被称为载体或担体（support）。按固定相所处状态不同，气相色谱法又可分为气固色谱法（gas-solid chromatography，GSC）及气液色谱法（gas-liquid chromatography，GLC）。液相色谱法又可分为液固色谱法（liquid-solid chromatography，LSC）及液液色谱法（liquid-liquid chromatography，LLC）。

（二）按色谱的分离原理分类

按照色谱分离原理分类的方法是最主要和最基本的分类方法，通常可分为下面几类。

1. 吸附色谱 法固定相是固体吸附剂，利用各组分被吸附能力的差别而分离。

2. 分配色谱法 固定相是一种被担体固定的液体，利用各组分在固定相与流动相中的溶解度不同进行分离，流动相的极性小于固定相极性的液相色谱法，称为正相（normal phase，NP）色谱，反之，称为反相（reversed phase，RP）色谱法。（通常使用反向色谱法）。

3. 离子交换色谱法（ion exchange chromatography，IEC） 固定相是离子交换剂，利用各组分对离子交换剂的交换能力（交换系数）的差别进行分离的方法。

4. 凝胶色谱法（gel chromatography） 固定相是一种具有三维多微孔结构的凝胶，利用各组分的分子大小不同，在通过凝胶时受到阻滞程度的不同进行分离。凝胶色谱法也称分子筛色谱法（molecular sieve chromatography），凝胶起到类似分子筛的的作用，对不同分子大小的组分进行过滤分离，故凝胶色谱又可称为凝胶过滤（gel filtration）。

5. 亲和色谱法（affinity chromatography，AC） 将具有生物学活性（如酶、辅酶、抗体等）的配体，共价结合到载体上作为固定相。利用不同蛋白质或生物大分子与固定相配体亲和力的差异进行分离的方法，称为亲和色谱法。

6. 毛细管电泳法（capillary electrophoresis，CE） 又称高效毛细管电泳（HPCE），是一类以毛细管作为分离通道、以高压直流电场为驱动力的新型液相分离分析技术。实际上它包含色谱、电泳以及其交叉内容，其分离原理包含色谱与电场两种作用，依据样品组分的分配系数及电泳的迁移率的差别而分离。毛细管电泳法是20世纪80年代后期迅速发展起来的，是高效液相色谱之后的又一重大进展。它的柱效可高达10^6/m，灵敏度极高，应用范围广泛。毛细管电泳通常采用色谱中的概念或名词，所以一般都放在色谱技术中进行讨论。

(三)按操作形式不同分类

按操作形式可分为平面色谱法和柱色谱法。

1. 平面色谱法(planar chromatography) 色谱过程在固定相构成的平面层内进行的色谱法，主要有下面几种。

(1)纸色谱法：用滤纸作为固定相液体的载体，点样后用流动相展开，使不同组分得以分离。

(2)薄层色谱法：将适当粒度的固定相均匀涂铺在玻璃板上，使用流动相展开，使不同组分得以分离。

(3)薄膜色谱法：将适当的高分子有机吸附剂制成薄膜，以类似薄层色谱的方法进行物质的分离。

2. 柱色谱法(column chromatography) 是将固定相装在空心柱内，分离过程在色谱柱内进行。按色谱柱粗细，可分为一般柱色谱法、毛细管色谱法及微粒填充柱色谱法等。高效液相色谱法与经典的液相色谱法不同，主要区别在于色谱柱内填料的性能不同，前者使用高效微粒固定相，而后者用常规固定相。此外是装置不同，前者为自动化仪器，由电脑控制，后者一般手工操作。

第二节 常用的色谱方法

一、吸附色谱

吸附色谱(adsorption chromatography)是指混合物随流动相通过由吸附剂组成的固定相时，由于吸附剂对混合物中不同组分的吸附力不同，所以不同组分移动的速度不同，最终可将混合物中不同组分分离。这种分离方法取决于待分离物质被吸附剂固定相所吸附的能力，以及它们在分离时所用的溶剂流动相中的溶解度这两个方面的差异。根据操作方式不同，吸附色谱可分为薄层色谱和柱色谱两种。

在柱吸附色谱中，混合物的分离是在装有适当吸附剂的玻璃管柱中进行的，色谱柱下端铺垫玻璃棉，柱内充填溶剂湿润的吸附剂，待分离样品自柱顶部加入，样品完全进入吸附柱后，再用适当的流动相溶液(洗脱液)洗脱。假如待分离的样品内含有A、B两种成分，在洗脱过程中随着流动相流经固定相，它们在柱内分别连续的产生溶解、吸附、再溶解的现象。由于洗脱液和吸附剂对A和B的溶解度与吸附力不同，A和B在柱内移动的速率也不同。溶解度大而吸附力小的物质走在前面，相反，溶解度小而吸附力大的物质走在后面。一般来讲，非极性或极性不强的有机物如甘油三酯、胆固醇、磷脂等的分离，采用这种方法比较合适。

二、薄层色谱

薄层色谱法(thin layer chromatography)是由德国科学家E.S.Tahl于1958年改进的一种色谱法，现广泛应用。其方法是把吸附剂均匀地铺在一块玻璃板或塑料膜上形成薄层，待分离的样品点在薄层一端，在密闭容器中用适当的流动相溶剂(展开剂)展开，由于吸附剂对不同物质吸附力大小不同，因此当溶剂流过固定相时，不同物质在吸附剂和溶剂之间发生连续地吸附、解吸附、再吸附的过程，容易被吸附的物质相对移动较慢，难以吸附的物质则相对地移动得快一些。经过一段时间的展开，不同的物质彼此分开，最后形成互相分离的斑点。

常用的吸附剂有氧化铝、硅胶、聚酰胺等。吸附剂中常加入黏合剂制成薄层色谱硬板。常用的黏合剂有煅石膏(G)和羧甲基纤维素钠(CMC-Na)，如硅胶G、氧化铝CMC-Na等。一般来说，薄层色谱所用吸附剂的粒度较细。如硅胶要求200目以下。

三、分配色谱(partition chromatography)

分配色谱是利用混合物在二种或二种以上的不同溶剂中的分配系数不同，从而使物质分离的方法，相当于一种连续性的溶剂抽提方法，例如：使用带水的载体作为液态固定相，加入与水不相混合或仅部分混合的流动相，则混合物各组分在两相间发生不同的分配现象而逐渐分开。

载体在分配色谱中只起负载固定相的作用，它们是一些吸附力小，反应性弱的惰性物质如淀粉、纤维素粉、滤纸等。固定相除水外，还有稀硫酸、甲醇、仲酰胺等强极性溶液。流动相通常使用比固定相极小或非极性的有机溶剂。纸色谱是较常应用的一种分配色谱。

四、凝胶色谱

(一)原理

凝胶色谱(gel chromatography)过程中，混合物随流动相流经装有凝胶作固定相的色谱柱时，混合物中各组分因分子大小不同从而被分离开来。

凝胶——从广义上讲是指一类具有三维空间多微孔网状结构物质，如琼脂糖凝胶、交联葡聚糖凝胶等。由于色谱过程与过滤相似，故又名分子筛过滤或凝胶过滤。

凝胶色谱的原理是分子筛效应，如同“过筛”过程，它可以把物质按分子大小不同进行分离，但这种“过筛”与普通的过筛不一样。凝胶色谱柱中装填的是许多直径小于1mm的凝胶颗粒，其内部具有三维多微孔网状结构。在洗脱过程中，当分子大小不同的混合物样品经过凝胶时，大分子物质因其分子直径大于凝胶网孔而不能进入凝胶颗粒内部，只能沿着凝胶颗粒的间隙随流动相移动，受到的阻滞作用小，流程短而移动速度快，先流出色谱柱；小分子物质由于其分子直径小于凝胶网孔，可以进入凝胶颗粒内部，受到网孔的阻滞作用大，流程长而移动速度慢，比大分子物质后流出色谱柱，从而使大小不同的分子得到分离。图2-1可以形象地看到这个分离过程的实质。

洗脱时峰的位置和该物质相对分子质量有直接的定量关系。在凝胶柱中，凝胶颗粒间自由空间所含溶液的体积称为外水体积V_o，不能进入凝胶微孔的大分子物质，在洗脱体积为V_o时，被洗脱下来。凝胶颗粒内部孔穴的总体积称为内水体积V_i，当洗脱体积为V_o+V_i时，能全部进入凝胶微孔的小分子物质，被洗脱下来。介于其间的分子将在洗脱体积为V_o～V_o+V_i时被洗脱下来。

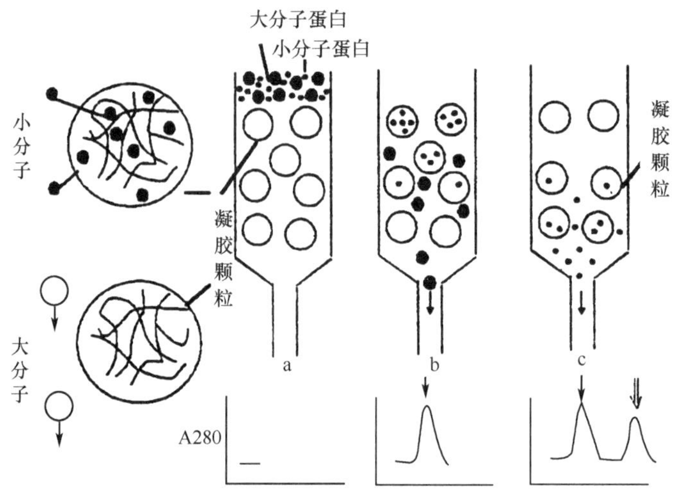

图 2-1 凝胶色谱原理及分离过程

a. 蛋白质混合物样品加样；b. 样品进行洗脱过程，小分子物质所受阻滞作用大，落在后面，大分子物质先洗脱下来；c. 小分子后洗脱下来

(二)凝胶分类

凝胶是由胶体溶液凝结而成的固体颗粒，其内部具有很微小的多孔网状结构。目前色谱用凝胶主要有交联葡聚糖凝胶、交联聚丙烯酰胺凝胶以及琼脂糖凝胶等。

1. 交联葡聚糖凝胶 瑞典出品的商品名称为 Sephadex，国产商品名称为 Dextran，它是由葡聚糖(右旋糖苷)和甘油通过醚桥(—O—CH_2—CHOH—CH_2—O—)相交联而成的多孔性网状结构固体颗粒。由于交联度的不同，Sephadex 可以分成不同的型号，交联度大的孔隙小吸水少，膨胀小，用于小分子量物质的分离，交联度小的孔隙大吸水多，膨胀大，适用于大分子物质的分离。交联度常用“吸水量”表示，即每克干凝胶所吸收的水分质量，用这个量比较交联度的大小。商品凝胶的型号采用“吸水量”(水容值)的 10 倍数字来表示。例如每克干凝胶吸水量为 2.5 克即定为 G-25 型，见表 2-1。

表 2-1 葡聚糖凝胶(G)类的技术数据

型号	分离范围(分子量)		吸水量(克/克干凝胶)	膨胀体积(ml/克干凝胶)	浸泡时间(h)	
	蛋白质	多糖			20～25℃	90～100℃
G-10	<700	<700	1.0±0.1	2～3	3	1
G-15	<1500	<1500	1.5±0.2	2.5～3.5	3	1
G-25	1000～5000	100～5000	2.5±0.2	4～6	3	1
G-50	1500～30000	500～10000	5.0±0.3	9～11	3	1
G-75	3000～70000	1000～50000	7.5±0.5	12～15	24	3
G-100	4000～150000	1000～100000	10±1.0	15～20	72	5
G-150	5000～400000	1000～150000	15±1.5	20～30	72	5
G-200	5000～800000	1000～200000	20±2.0	30～40	72	5

2. 聚丙烯酰胺凝胶 聚丙烯酰胺凝胶是一种人工合成的凝胶颗粒，美国出品的商品名

称为生物胶 P(Bio-gel P)，产品为颗粒状干粉，在溶剂中能自动吸水溶胀成凝胶。聚丙烯酰胺是由丙烯酰胺与甲叉双丙烯酰胺共聚交联而生成的凝胶，经干燥粉碎或加压成形处理即形成生物凝胶 P。控制单体和交联剂的比例可得到不同型号的生物凝胶 P。Bio-gel P 有 P-2～P-300 等 10 种，命名是根据分子量的排斥限度。所谓排斥限度是指凝胶能将物质排斥在其颗粒外的分子大小的最低限度，以分子量表示。例如 Bio-gel P-6，其排斥限度分子量为 6×10^3。各种型号的生物胶及其适用范围列于表 2-2。

表 2-2 烯酰胺类凝胶和琼脂糖类凝胶的技术数据

型号	吸水量（克/克干胶）	膨胀体积（ml/克干胶）	浸泡时间		分离范围（球形分子的分子量）
			20℃	100℃	
Bio-gel					
P-2	1.5	3.0	4	2	2×10^2～1.8×10^3
P-4	2.4	4.8	4	2	8×10^2～4×10^3
P-6	3.7	7.4	4	2	10^3～6×10^3
P-10	4.5	9.0	4	2	1.5×10^3～2.0×10^4
P-30	5.7	11.4	12	3	2.5×10^3～4.0×10^4
P-60	7.2	14.4	12	3	3.0×10^3～6.0×10^4
P-100	7.5	15.0	24	5	5.0×10^3～10^5
P-150	9.2	18.4	24	5	1.5×10^4～1.5×10^5
P-200	14.7	29.4	48	5	3.0×10^4～2×10^5
P-300	18.0	36.0	48	5	6.0×10^4～4×10^5
Sepharose					
4B					0.3×10^6～3×10^6
2B		商品为湿凝胶			2×10^6～25×10^6

3. 琼脂糖凝胶 琼脂糖凝胶是 *D*-半乳糖和 3，6-(脱水)-2-半乳糖相间结合的链状多糖，瑞典出品的商品名称为 Sepharose，此种产品通常有 2B、4B、6B 三种，分别代表含琼脂糖凝胶 2%，4%，6%的凝胶，凝胶浓度越低其结构越松散，即多孔性越高。琼脂糖的商品名为 Sepharose 或 Bio-gel A。

4. Superdex 凝胶 Superdex 凝胶是一种新型的凝胶填料，它是将葡聚糖以共价方式结合到高交联的多孔琼脂糖珠体上形成的复合凝胶。琼脂糖的高交联骨架珠体具有稳定的物理化学性质，葡聚糖为介质提供了优良的选择性。这类凝胶物理化学性质稳定，刚度强，适合于高流速，并且分辨率高。使用 pH 范围为 3～12，在 pH=7 时可经 120℃消毒处理，在 1 mol/L NaOH、0.1mol/L HCl、1%SDS、6mol/L 盐酸胍和 8mol/L 尿素中，色谱行为不变。目前有 Superdex G-30、G-75 和 G-200 可供选择，它们的分离范围对于蛋白质来讲，分别为 10 000，70 000 和 600 000。

（三）凝胶色谱的特点及其应用

1. 凝胶色谱与其他色谱比较具有以下特点：

(1) 由于凝胶色谱是按分子大小不同而分离，洗脱剂种类不影响其分离，流动相的选择主要考虑对样品的溶解性及生物样品活性的保护。

(2)凝胶色谱再生过程中无需改变洗脱液成分或种类。一次装柱后凝胶可反复使用，而且每次洗脱过程即是凝胶的再生过程。

(3)应用广泛，实验具有高度的重复性，回收样本几乎可达100%，既可用于大样本制备，亦可用于小样品的分析。

2. 凝胶色谱法的应用

(1)作为脱盐工具：使用凝胶色谱法可以除去高分子(如蛋白质核酸、多糖等)溶液中的盐类杂质，这一操作称为脱盐，凝胶色谱法脱盐速度快而完全，而且蛋白质、酶类等成分在分离过程不易变性。

葡聚糖凝胶Sephadex G-25因流动阻力小交联度适宜，常用于蛋白质溶液的脱盐。进行蛋白质样品的脱盐过程中，应注意蛋白质溶液在去除电解质后，因溶解度显著下降以致成为沉淀物析出，从而被吸附在柱上不能洗脱下来。解决办法是，先使用有挥发性盐类如甲酸铵、醋酸铵等缓冲液洗脱，取得洗脱液后再用冷冻干燥法除去挥发性盐类。

(2)高分子溶液的浓缩：干燥的葡聚胶颗粒内部有总值等于Vi的孔隙容积。当把干燥的凝胶颗粒投入低浓度的高分子溶液时，水分和低分子物质就会进入凝胶粒子内部的孔隙直到充满为止，而高分子物质则排阻于凝胶颗粒之外，通过离心或过滤，就可以分离出膨胀的凝胶颗粒得到浓缩了的高分子溶液，其中离子强度和pH都保持不变。这种浓缩方法特别适用于不稳定的生物大分子溶液的浓缩。

(3)用于去除热原物质：热原物质是微生物产生的一些使人发热的物质，如某些多糖蛋白质复合物等，用凝胶处理去离子水，可以得到适于制备注射剂的无热原水。

(4)用于测定高分子物质的分子量：用一系列已知分子量的标准样品放入同一凝胶色谱柱内，在同一条件下进行凝胶色谱分离，记下每一种成分的洗脱体积，并以洗脱体积对分子量的对数作图，在一定分子量范围内，可以绘制分子量的标准曲线。

测定未知物的分子量时，将样品加在测定标准曲线后的凝胶柱内，洗脱后，根据此物的洗脱体积可在标准曲线上查出对应的分子量。用这种方法测定高分子量时，不需要复杂的仪器设备，操作简便，样品用量少，有一定的实用价值。

(5)用于物质的分离提纯：由于凝胶的生物相容性较好，具有较高的质量和生物学活性回收率，所以凝胶色谱法主要用以分离和纯化分子大小不同的生物大分子物质。凝胶色谱法已广泛应用于酶、蛋白质、氨基酸、核酸、核苷酸、激素、多糖、抗菌素、生物碱等物质的分离提纯，尤其在和其他技术配合应用效果更为显著。由于凝胶色谱分离纯化蛋白质的量较小，所以常常放在纯化工艺的最后一步。

(6)蛋白质和多肽的相对分子质量测定：对不同的样品选用不同的凝胶过滤方法。然后用不同已知相对分子质量的样品(或几种样品的混合物)上柱，分别测定它们的洗脱时间(t)或洗脱体积(Ve)，再由未知样品的Ve或t就能从上述关系中推测出未知样品的相对分子质量。在凝胶过滤所用的溶液系统中如不加变性剂等破坏四级结构，所测得的蛋白质样品的相对分子质量就是全蛋白质的相对分子质量，如果破坏了蛋白质的四级结构，凝胶过滤所得的蛋白质的相对分子质量则是亚基的相对分子质量。一种蛋白质如有数种相对分子质量不同的亚基组装成的，那么，在解聚条件下进行凝胶过滤就可能得到几个不同的蛋白质峰。

五、离子交换色谱

离子交换色谱(ion exchange chromatography，IEC)是目前在生物大分子提纯中得到广泛应用的方法之一。它是以离子交换剂为固定相，利用不同的生物大分子的带电基团与具有相反电荷的离子交换剂吸附强弱的不同，而将混合物中的不同离子进行分离的色谱技术。

(一)基本原理

离子交换剂是一类具有网状立体结构的高分子多元酸或多元碱的聚合物，不溶于水和多种有机溶剂。聚合物颗粒中带电荷的酸性或碱性基团作离子交换基团，通过静电作用与带相反电荷的离子结合。当流动相中存在带相反电荷的离子时，就与先结合在固定相交换基团上的离子进行交换。根据可交换离子的性质，离子交换剂可分为阳离子交换剂和阴离子交换剂两大类。阳离子交换剂具有酸性基团，能和流动相中的阳离子进行交换。例如：

$$R—SO_3^-\ H^+ + Na^+ \longleftrightarrow R—SO_3^-\ Na^+ + H^+$$

阴离子交换剂具有碱性基团，能和流动相中的阴离子进行交换。如：

$$R_4—N^+\ OH^- + Cl^- \longleftrightarrow R_4—N^+\ Cl^- + OH^-$$

离子交换剂分离样品时，主要依靠增加流动相的离子强度或改变酸碱度来进行洗脱。

1. 增加流动相的离子强度 当缓冲溶液的离子强度增大时，即增加了它与生物大分子对交换基团竞争吸附的能力，把生物大分子置换下来。

2. 改变酸碱度 当缓冲溶液的pH等于蛋白质的等电点时，其净电荷为零，从而可被洗脱下来。

由于不同生物大分子的电荷密度不同，电荷量不同，等电点的差异以及分子大小的区别，因此与离子交换剂的结合强度不同。可以先把样品交换到离子交换剂上，然后逐渐改变流动相(提高流动相中的离子强度或改变 pH)的办法，把它们从离子交换柱上依次洗脱下来，达到分离纯化的目的。

(二)离子交换剂的类型

常用的离子交换剂均为人工合成的有机物，包括离子交换树脂、离子交换纤维素、离子交换琼脂糖和离子交换葡聚糖等。根据交换基团酸碱性的强弱，阳离子交换剂又分为强酸型和弱酸型，阴离子交换剂又分为强碱型和弱碱型。在实际工作中，可根据被分离物质的性质选用适当类型的离子交换剂。如二乙基氨基乙基纤维素(DEAE-纤维素)常用来分离中性或酸性蛋白质；羟甲基纤维素(CM-纤维素)常用来分离中性或碱性蛋白质；而离子交换树脂常用于分离小分子物质，如核苷、核苷酸、氨基酸等及制备去离子水。常用离子交换剂的类型见表 2-3。

表 2-3 离子交换剂的种类及解离基团

商品名	解离基团	类别	商品名	解离基团	类别
DEAE	二乙基氨基乙基	弱阴离子	CM	羧甲基	弱阳离子
QAE	氨基乙基	强阴离子	SE	磺酸乙基	强阳离子
TEAE	三乙基氨基乙基	阴离子	SP	磷酸根	强阳离子

1. 离子交换树脂 离子交换树脂是一种具有网状分子结构的不溶性高分子化合物，大多数离子交换树脂的原料是不溶性的交联聚苯乙烯、交联聚甲基丙烯酸、酚醛、硅酸铝钠等，通过化学反应连接带电的基团。带负电的具有结合阳离子的功能，称为阳离子交换剂；反之，称之为阴离子交换剂。

离子交换树脂的种类较多，常用的有 Dowex1 系列阴离子交换树脂、Dowex50W 系列阳离子交换树脂、国产磺酸型阳离子交换树脂(732 型)等。

2. 离子交换纤维素 纤维素离子交换剂是早期的分离介质之一，并且一直沿用至今，一般分为纤维状、微粒、短纤维及球状四种类型。纤维素离子交换剂具有表面积大，开放性的支持骨架，大分子物质能自由地进入和快速地扩散，离子交换纤维素上的交换基团排列松散，对生物大分子的吸附不牢固，使用温和的洗脱条件就可以将其洗脱下来，因此不容易引起生物大分子的变性，并且回收率高。多用于蛋白质、多肽、核酸、酶、寡核苷酸及病毒等的分离纯化和分析工作。

生物大分子的等电点一般在中性附近，因而 DEAE-纤维素和 CM-纤维素应用广泛。要求在较强的酸性条件下(pH＜3)分离生物大分子时，可用 SE-纤维素或 P-纤维素；而在较强碱性条件下(pH＞10)，可用 GE-纤维素。

3. 葡聚糖(Sephadex)类离子交换剂 离子交换葡聚糖为 Pharmacia 公司以 G 系葡聚糖凝胶 G-25 和 G-50 两种凝胶介质，与四种不同的功能基团连结而成的葡聚糖离子交换剂。可分为 A 型阴离子交换剂和 C 型阳离子交换剂，分别标以 A-25 或 A-50，C-25 或 C-50。离子交换葡聚糖与离子交换纤维素不同的是离子交换葡聚糖的骨架为三维多孔网状结构，使得这种离子交换剂同时具有离子交换和分子筛的作用。离子交换葡聚糖由于其单位质量所携带的离子交换基团更多，使得它的总交换容量为纤维素类的 3～5 倍。但是，离子交换葡聚糖容易受 pH 和盐浓度的影响，对分离的结果有一定的影响。

4. 琼脂糖类离子交换剂 这类离子交换剂是在琼脂糖表面进行化学改造而制备的。琼脂糖表面含有大量的羟基，化学改造极为方便。目前琼脂糖离子交换剂填料在生物大分子的分离中占据了绝对多数的地位。

离子交换色谱一般采用柱色谱。色谱过程包括离子交换剂的选择，使用前的处理与变型、装柱、样品的准备、加样与洗脱、检测及离子交换剂的再生等若干步骤。这些步骤在生化技术有关参考书里都有详细讲解，这里仅简要说明一下洗脱过程的有关原理。

经过离子交换被吸附在离子交换剂上的待分离物质，有两种洗脱方法：一是提高离子强度，使洗脱液中的离子能争夺交换剂的吸附部位，从而将待分离的物质置换下来；二是改变 pH 使样品离子的解离度降低，电荷减少，对交换剂的亲和力减弱，从而被洗脱下来，低 pH 洗脱液容易使阴离子交换剂的样品洗脱。

从洗脱液的成分变换过程而言，洗脱方式有两种，一是选用两种以上洗脱能力逐步增强的洗脱液先后洗脱，此为分步(分段)洗脱法，适用于各组分对交换剂亲和力比较悬殊的样品；二是选用离子强度和 pH 呈连续变动的洗脱液进行洗脱，此为连续梯度洗脱法，适用于各组分与交换剂亲和力相近的样品。

六、亲 和 色 谱

亲和色谱(affinity chromatography)是利用生物大分子与其相对应的专一分子特异识别

和可逆性结合的特性而建立起来的一种分离生物大分子的色谱方法，也叫生物亲和或生物特异性亲和色谱。这种特异可逆结合的物质很多，如底物与酶、抗原与抗体、激素与受体等，它们之间的这种特异亲和能力又叫亲和力。

亲和色谱中，一对互相识别的分子互称对方为配体，如激素可以认为是受体的配体，受体也可以认为是激素的配体。亲和色谱法是将配体固定在固体载体上作为固定相，并且将其装入色谱柱中，洗脱过程中，由于生物大分子和相对应配体有专一性的亲和作用，将某种生物大分子吸附在固定相中，样品中的其他组分不具有这种专一性的结合特性，直接流出色谱柱。然后，可以更换洗脱剂将吸附在柱中的生物大分子洗脱下来。亲和色谱法具有高度专一性，色谱过程简单、快速，是一种理想的分离纯化生物大分子的手段。

七、高效液相色谱

高效液相色谱(high performance liquid chromatography，HPLC)又叫高压或高速液相色谱。它在生物大分子的分离和纯化方面占据重要地位。在近几年发表的色谱相关文章中，大多数生物大分子是使用 HPLC 进行纯化的。

(张建民)

第三章 电泳技术

电泳(electrophoresis)是指带电粒子在电场中向异性电极移动的现象。利用带电粒子的这种特性来分离、纯化、鉴定诸如氨基酸、多肽、蛋白质、核酸、糖蛋白、脂蛋白、病毒等的技术，称为电泳技术。

第一节 基本原理

一、蛋白质电荷的来源

任何物质由于其本身的解离作用或表面上吸附其他带电质点，在电场中便会向一定的电极移动。作为带电颗粒可以是小的离子，也可是生物大分子，蛋白质、核酸、病毒颗粒、细胞器等。因蛋白质分子是由氨基酸组成的，而氨基酸带有可解离的氨基($—NH_3^+$)和羧基($—COO^-$)，是典型的两性电解质，在一定的pH条件下就会解离带电。带电的性质和多少取决于蛋白质分子的性质及溶液的pH和离子强度。在某一pH条件下，蛋白质分子所带的正电荷数恰好等于负电荷数，即净电荷等于零，此时蛋白质质点在电场中不移动，溶液的这一pH，称为该蛋白质的等电点(pI)。如果溶液的pH大于pI，则蛋白质分子会解离出H^+而带负电，此时蛋白质分子在电场中向正极移动。其示意图如下(图3-1)。

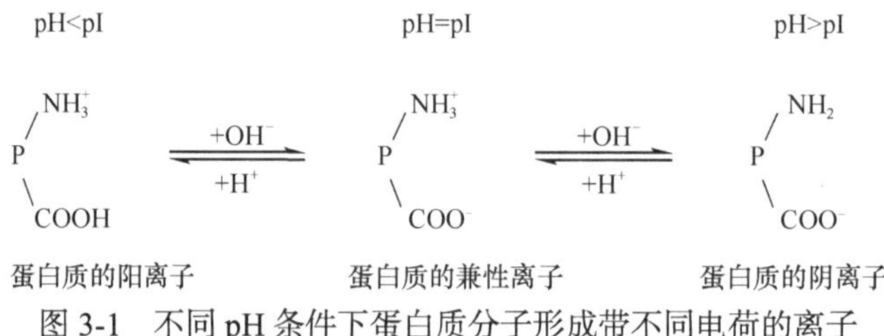

图3-1 不同pH条件下蛋白质分子形成带不同电荷的离子

二、迁移率(mobility)

设一带电粒子在电场中所受的力为F，F的大小决定于粒子所带电荷Q和电场强度X，即：

$$F=QX$$

又按Stoke定律，一球形的粒子运动时所受到的阻力F'，与粒子运动的速度V，粒子的半径r，介质的黏度η的关系为：

$$F'=6\pi r\eta V$$

当电泳达到平衡，带电粒子在电场做匀速运动时，则：

$$F=F'$$

亦即：

$$QX=6\pi r\eta V$$

移项得：

$$\frac{V}{X}=\frac{Q}{6\pi r\eta} \tag{3-1}$$

V/X表示单位电场强度时粒子运动的速度，称为迁移率(mobility)，也称为泳动度，以U表示

$$U=\frac{V}{X}=\frac{Q}{6\pi r\eta} \tag{3-2}$$

由式(3-2)可见粒子的迁移率在一定条件下决定于粒子本身的性质，即其所带电荷以及其大小和形状，亦即决定于粒子的电荷密度，两种不同的粒子(如两种蛋白质分子)一般有不同的迁移率。在具体实验中，移动速度v为单位时间t(以秒计)内移动的距离d(厘米)，即：

$$v=\frac{d}{t}$$

又电场强度X为单位距离L(以厘米计)内的电势差E(以伏特计)，即：

$$X=E/L$$

以$v=d/t$，$X=E/L$ 代入式(3-2)即得：

$$U=\frac{v}{X}=\frac{d/t}{E/L}=\frac{dL}{Et}$$

所以迁移率的单位为厘米^2·秒$^{-1}$·伏特$^{-1}$。

设：某物质(A)在电场中移动的距离为

$$d_A=U_A\frac{Et}{L}$$

另物质(B)的移动距离为

$$d_B=U_B\frac{Et}{L}$$

则：两物质移动距离之差为：

$$\Delta d=(d_A-d_B)=(U_A-U_B)\frac{Et}{L} \tag{3-3}$$

式(3-3)指出物质A、B能否分离决定于两者的迁移率。如两者的迁移率相同，则不能分离；如有差别则能分离。实验所选择的条件如电压和电泳时间与两物质的分离距离呈正比；电场的距离(如醋纤膜长度)与分离距离成反比。

三、影响电泳速度的因素

电泳速度与电泳迁移率是二个不同的概念，电泳速度是指单位时间内移动距离，而迁移率是指单位电场强度下的电泳速度。但二者又是密切相关的，电泳速度越大，迁移率也越大。影响电泳速度的因素有：

(一)样品被分离物的带电荷量多少和电泳速度的关系呈正比

带电荷量多，电泳速度快，反之则慢。此外，被分离的物质若带电量相同，分子量大的电泳速度慢，分子量小的则电泳速度快，故分子大小与电泳速度成反比。球形的分子要比纤维状的快。

（二）缓冲液

缓冲液能使电泳中的支持介质保持稳定的 pH，并通过它的组成成分浓度等因素影响着化合物的迁移率。

1. pH 溶液的pH是决定物质带电质点解离程度，即该物质带净电荷多少的决定因素。对蛋白质、氨基酸等两性电解质来说，缓冲液的 pH 距等电点（pI）越远，质点所带净电荷越多，电泳速度也越快；反之则越慢。因此，当分离蛋白质混合液时，应选择一个合适的pH，使各种蛋白质所带净电荷的量差异增大，以利于分离。通常血清蛋白电泳时，采用pH8.6的缓冲液，pH大于血清中各种蛋白质的等电点，所以蛋白质均带负电荷，故向正极移动。

2. 成分 通常采用的是甲酸盐、乙酸盐、柠檬盐、磷酸盐、巴比妥盐和三羟甲基氨基甲烷-乙二胺基四乙酸缓冲液等。要求缓冲液的物质性能稳定，不易电解。血清蛋白分离时最常用的是巴比妥-巴比妥钠组成的缓冲液。

3. 浓度 缓冲液的浓度可用摩尔或离子强度（$I=1/2\Sigma CZ^2$）表示。离子强度增加，缓冲液所载的分电流也随之增加，样品所载的电流则降低。因此，样品的电泳速度减慢。但要注意的是离子强度增加使电泳时的总电流和产热也增加，对电泳是不利的。

在低离子强度时缓冲液所载的电流下降，样品所载的电流增加，因此加快了样品的电泳速度，低离子强度的缓冲液降低了总电流，结果减少了热量的产生。但是带电物质在支持介质上的扩散较为严重，使分辨力明显降低。所以对缓冲液离子强度的选择，必须两者兼顾，一般是在 0.02～0.2M 之间。

（三）电场强度

电场强度是每 1cm 的电位降，亦即电势梯度。例如支持体为纸时，纸的两端分别浸入两个电极溶液中，电极缓冲液与纸的交界面间纸的长度为 20cm，测得电位降为 200V，则纸上电场强度为 10V/cm。电场强度愈高，带电质点移动速度也愈快。

（四）支持介质

对支持介质的要求是应具惰性较大的材料，且不与被分离的样品或缓冲液起化学反应。此外，还要求具有一定的坚韧度，不易断裂，容易保存。由于各种介质的精确结构对一种被分离物的移动速度有很大影响，所以对支持介质的选择应取决于被分离物质的类型。

1. 吸附 吸附支持介质的表面对被分离物质具有吸附作用，使分离物质滞留而降低电泳速度，会出现样品的拖尾。由于对各种物质吸附力不同，因而降低了分离的分辨率。纸的吸附性最大，醋酸纤维薄膜的吸附作用很小。

2. 电渗 在电场中，液体对固体的相对移动称为电渗，它是由缓冲液的水分子和支持介质的表面之间所产生的一种相关电荷所引起。水是极性分子，如滤纸中含有羟基使表面带负电荷，与表面接触的水溶液则带正电荷，溶液向负极移动。由于电渗现象与电泳同时存在，所以电泳时分离物质的电泳速度也受电渗的影响。如血清蛋白低压电泳，在巴比妥盐缓液 pH=8.6、离子强度=0.06 的条件下进行，蛋白质的移动方向与电渗现象的水溶液移动方向相反，蛋白质泳动的距离是等于电泳泳动距离减去电渗的距离，使电泳速度减慢。

如果二者移动方向相同，蛋白质泳动距离是二者之和，则电泳速度加快。用琼脂凝胶作为支持介质，因琼脂中含有较多的硫酸根，固本表面带较多负电荷，电渗现象明显。在 pH8.6 的条件下电泳，许多球蛋白均向负极移动，因电渗移动的距离大于电泳距离，这个原理是对流免疫电泳的理论基础。

电渗现象可用不带电的有色颜料或用有色的葡聚糖点置在支持介质的二端中间，经电泳后可观察电渗作用对这些物质的移动方向和距离。

（五）温度对电泳的影响

电泳时电流通过支持介质可以产生热量，按焦耳定律，电流通过导体时的产热与电流强度的平方、导体的电阻和通电的时间呈正比（$Q=I^2Rt$）。产生热量对电泳技术是不利的，因为产热可促使支持介质上溶剂的蒸发，而影响缓冲溶液的离子强度。若产热温度过高可导致分离样品变性而使电泳失败。温度升高时，介质黏度下降，分子运动加剧，引起自由扩散变快，迁移增加。温度每升高 1 度，迁移率约增加 2.4%。为降低热效应对电泳的影响，可控制电压或电流，也可在电泳系统中安装冷却散热装置。对高压电泳增设冷却系统，以防样品在电泳时变性。

第二节　醋酸纤维薄膜电泳

醋酸纤维薄膜（cellulose acetate membrane，CAM）是一种由醋酸纤维加工制成的一种细密且薄的微孔膜。根据其乙酰化程度、厚度、孔径和网状结构等方面不同而具有不同类型。醋酸纤维薄膜电泳是以醋酸纤维薄膜为支持物的区带电泳，现已广泛应用于医学临床中各种生物分子的分离分析中，如血清蛋白、血红蛋白、球蛋白、脂蛋白、糖蛋白、甲胎蛋白、类固醇及同工酶等。不足之处是分辨率比聚丙烯酰胺凝胶电泳低，由于薄膜厚度小（约 10～100μm），样品用量很少，不适于制备。

第三节　琼脂糖凝胶电泳

琼脂糖（agarose）是从琼脂中提取出来的，是由 *D*-半乳糖和 3，6-脱水-*L*-半乳糖结合的链状多糖，含硫酸根比琼脂少，因而分离效果明显提高。

琼脂糖电泳具有以下优点：①琼脂糖含液体量大，可达 98%～99%，近似自由电泳，但样品的扩散度比自由电泳小，对蛋白质的吸附极微；②电泳速度快；③琼脂糖作为支持体有分辨率高、重复性好等优点；④透明而不吸收紫外线，可以直接用紫外检测仪作定量测定；⑤区带可染色，样品易回收，有利于制备。缺点是琼脂糖中有较多硫酸根，电渗作用大。

琼脂糖凝胶电泳常用于分离、鉴定核酸，如 DNA 鉴定、DNA 限制性内切酶图谱制作等，为 DNA 分子及其片段分子量测定和 DNA 分子构象的分析提供了重要手段。由于这种方法操作方便，设备简单，需样品少，分辨能力高，已成为基因工程研究中常用方法之一。

琼脂糖凝胶电泳对核酸的分离作用主要依据它们的分子量及分子构型，同时与凝胶的浓度也有密切关系。

一、核酸分子大小与琼脂糖浓度的关系

1. DNA 分子的大小 在凝胶中，较小的 DNA 片段迁移比较大的片段快。DNA 片段迁移距离（迁移率）与其分子量的对数成反比，见图 3-2。因此通过已知大小的标准物移动的距离与未知片段的移动距离进行比较，便测出未知片段的大小。但是当 DNA 分子大小超过 20kb 时，普通琼脂糖凝胶就很难将它们分开。因此，应用琼脂糖凝胶电泳分离 DNA 时，分子大小不宜超过此值。

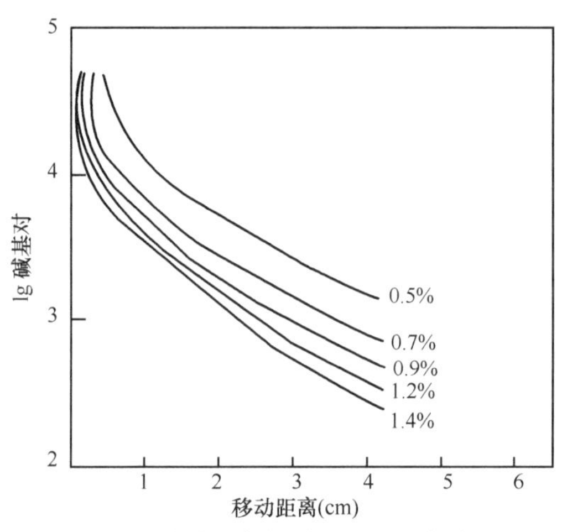

图 3-2 移动距离与碱基对的相应关系

缓冲液 0.5×TBE，0.5μg/ml 溴乙锭电泳条件 1V/cm，16h

2. 琼脂糖的浓度 一定大小的 DNA 片段在不同浓度的琼脂糖凝胶中，电泳迁移率不相同（图 3-2）。不同浓度的琼脂糖凝胶适宜分离 DNA 片段大小范围详见表 3-1。因而要有效地分离大小不同的 DNA 片段，主要是选用适当的琼脂糖凝胶浓度。

表 3-1 琼脂糖凝胶浓度与分辨 DNA 大小范围的关系

琼脂糖凝胶浓度（%）	可分辨的线性 DNA 大小范围（kb）
0.3	60～5
0.6	20～1
0.7	10～0.8
0.9	7～0.5
1.2	6～0.4
1.5	4～0.2
2.0	3～0.1

二、核酸构象与琼脂糖凝胶电泳分离的关系

不同构象的 DNA 在琼脂糖凝胶中的电泳速度差别较大。在分子量相当的情况下，不同构象的 DNA 的移动速度次序如下：共价闭环 DNA（简称 cccDNA）＞直线 DNA＞开环的双链环状 DNA。

三、琼脂糖凝胶电泳基本方法简介

1. 凝胶电泳类型 用于分离核酸的琼脂糖凝胶电泳也可分为垂直型及水平型（平板型）。水平型电泳时，凝胶板完全浸泡在电极缓冲液下 1～2mm，故又称为潜水式。目前更多用的是后者，因为它制胶和加样比较方便，电泳槽简单，易于制作，又可以根据需要制备不同规格的凝胶板，节约凝胶，因而受到人们的欢迎。

2. 缓冲液系统 DNA 的电泳迁移率受到电泳缓冲液的成分和离子强度的影响，当缺少离子时，电流传导很少，DNA 迁移非常慢；相反，高离子强度的缓冲液由于电流传导非常有效，导致大量热量产生，严重时，会造成胶熔化和 DNA 的变性。

常用的电泳缓冲液有 EDTA（pH8.0）和 Tris-乙酸（TAE）、Tris-硼酸（TBE）或 Tris-磷酸（TPE）等，浓度约 50mmol/L（pH7.5～7.8），详细配制见表 3-2。电泳缓冲液一般都配制成浓的贮备液，临用时稀释到所需倍数。

表 3-2 常用的琼脂糖凝胶电泳缓冲液

缓冲液	工作溶液	贮存液（1000ml）
Tris-乙酸 （TAE）	1×：0.04mol/L Tris-乙酸 0.001mol/L EDTA	50×：242g Tris 57.1ml 冰乙酸 100ml 0.5mol/L EDTA（pH8.0）
Tris-磷酸 （TPE）	1×：0.09mol/L Tris-磷酸 0.002mol/L EDTA	10×：108g Tris 15.5ml 85%磷酸（1.679g/ml） 40ml 0.5mol/L EDTA（pH8.0）
Tris-硼酸 （TBE）	0.5×：0.045mol/L Tris-硼酸 0.001mol/LEDTA	5×：54g Tris 27.5g 硼酸 20ml 0.5mol/L EDTA（pH8.0）

3. 琼脂糖凝胶的制备水平型 以稀释的工作电泳缓冲液配制所需的凝胶浓度。

4. 样品配制与加样 DNA 样品用适量 Tris-EDTA 缓冲液溶解，缓冲溶解液内含有 0.25%溴酚蓝或其他指示染料与 10%～15%蔗糖或 10%～15%甘油，以增加其比重，使样品集中。

5. 电场强度 电泳琼脂糖凝胶分离大分子 DNA 实验条件的研究结果表明：在低浓度、低电压下，分离效果较好。在低电压条件下，线性 DNA 分子电泳迁移率与所用的电压呈正比。但是，在电场强度增加时，分子量高的 DNA 片段迁移率的增加是有差别的。因此随着电压的增高，电泳分辨率反而下降，分子量与迁移率之间就可能偏离线性关系。为了获得电泳分离 DNA 片段的最大分辨率，电场强度不宜高于 5V/cm。

6. 染色 常用荧光染料溴乙锭（EB）进行染色以观察琼脂糖凝胶内的 DNA 条带。

第四节 聚丙烯酰胺凝胶电泳

聚丙烯酰胺凝胶是由单体丙烯酰胺（acrylamide，简称 Acr）和交联剂又称为共聚体的 *N*，*N*-甲叉双丙烯酰胺（methylene-bisacrylamide，简称 Bis）在加速剂和催化剂的作用下聚合交联成三维网状结构的凝胶，以此凝胶为支持物的电泳称为聚丙烯酰胺凝胶电泳

(poly-acrylamide gel electrophoresis，简称 PAGE)。与其他凝胶相比，聚丙烯酰胺凝胶有下列优点：①在一定浓度时，凝胶透明，有弹性，机械性能好。②对 pH 和温度变化较稳定。③化学性能稳定，与被分离物不起化学反应。④样品不易扩散，且用量少，其灵敏度可达 10^{-6}g。⑤几乎无电渗作用，只要 Acr 纯度高，操作条件一致，则样品分离重复性好。⑥凝胶孔径可调节，根据被分离物的分子量选择合适的浓度，通过改变单体及交联剂的浓度调节凝胶的孔径。⑦分辨率高，尤其在不连续凝胶电泳中，集浓缩、分子筛和电荷效应为一体，因而有更高的分辨率。

PAGE 应用范围广，可用于蛋白质、酶、核酸等生物分子的分离、定性分析、定量分析及少量样品的制备，还可测定分子量、等电点等。

除了常用的聚丙烯酰胺圆盘及垂直板电泳，还有聚丙烯酰胺梯度凝胶电泳、十二烷基硫酸钠-聚丙烯酰胺凝胶电泳、等电聚焦电泳及双向电泳等技术，这些技术在凝胶聚合方面有共同之处，但又有各自的特点，分别叙述如下。

一、聚丙烯酰胺凝胶聚合原理及相关特性

1. 聚合反应 聚丙烯酰胺凝胶(polyacrylamide gel，PAG)是由丙烯酰胺单体(Acr)和交联剂甲叉双丙烯酰胺(Bis)在催化剂过硫酸铵或核黄素作用下聚合交联而成的三维网状结构凝胶，其单体及聚合物化学结构式如下图所示。

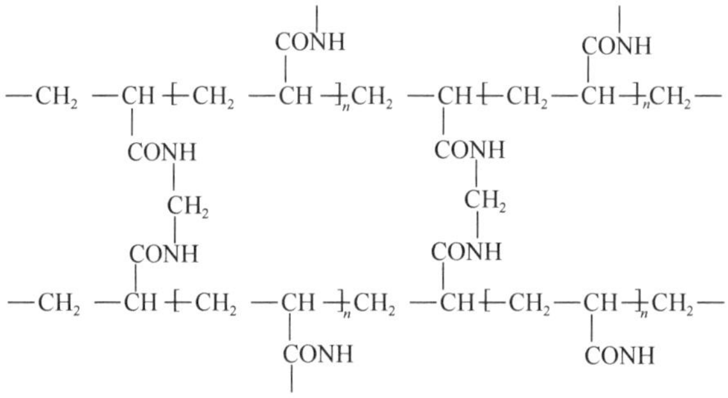

```
                          |                          |
                        CONH                       CONH
                          |                          |
—CH2 —CH ⟊ CH2 —CH ⟊n CH2 —CH ⟊ CH2—CH ⟊n CH2—
        |                          |
      CONH                       CONH
        |                          |
       CH2                        CH2
        |                          |
      CONH                       CONH
        |                          |
—CH2 —CH ⟊ CH2 —CH ⟊n CH2 —CH ⟊ CH2—CH ⟊n CH2—
                  |                          |
                CONH                       CONH
                  |
```

聚合反应时常用的催化剂有过硫酸铵及核黄素两个系统。在水溶液中，过硫酸铵离子 $S_2O_8^{2-}$可形成游离基SO_4^{2-}，它能使丙烯酰胺单体的双键打开，形成游离基丙烯酰胺，后者和 Bis 单体作用，能聚合成凝胶。

催化反应需要在碱性条件下进行，如用 7%的丙烯酰胺，在 pH8.3 时，30min 就能聚合完毕。为避免溶液中有氧气而妨碍聚合，在反应前有必要将溶液抽气除氧。核黄素在光照下部分分解并被还原成无色型核黄素；但在有氧的条件下此无色型又被氧化成为带有游离基的核黄素，后者也能使丙烯酰胺和甲叉双丙烯酰胺聚合成凝胶。为加速聚合，在合成过程中还加四甲基乙二胺(TEMED)作为加速剂促进聚合作用。

聚丙烯酰胺凝胶因富含酰胺基，使凝胶具有稳定的亲水性。它在水中无电离基团，不带电荷，几乎没有吸附及电渗作用，是一种比较理想的电泳支持物。

2. 凝胶孔径的可调性及其有关性质

(1)凝胶性能与总浓度及交联度的关系：凝胶的孔径、机械性能、弹性、透明度、黏度和聚合程度取决于凝胶总浓度和 Acr 与 Bis 之比。通常用 *T*%表示总浓度，即 100ml 凝胶溶液中含有 Acr 及 Bis 的总克数。Acr 和 Bis 的比例常用交联度 *C*%表示，即交联剂 Bis 占

单体 Acr 与 Bis 总量的百分数。

根据有关实验研究，可知当 *T*%值固定时，Bis 浓度在 5%时孔径最小，高于或低于 5%时，孔径却相应变大。为了在使用凝胶做实验时有较高的重现性，制备凝胶所用的 Acr 浓度，Bis 和 Acr 的比例、催化剂的浓度、聚合反应的溶液 pH、聚胶所需时间等能影响泳动率的因子都必须保持恒定。

要想将蛋白质或核酸之类的大分子混合物很好地分离，并在凝胶上形成明显的区带，选择一定孔径的凝胶是个关键。常用的标准凝胶是指浓度为 7.5%的凝胶，大多数生物体内的蛋白质在此凝胶中电泳，能获得满意的结果。

(2)凝胶浓度与被分离物分子量的关系：由于凝胶浓度不同，平均孔径不同，能通过可移动颗粒的分子量也不同。

在操作时，可根据被分离物的分子量大小选择所需凝胶的浓度范围。也可先选用 7.5%凝胶(标准胶)，因为生物体内大多数蛋白质在此范围内电泳均可取得较满意的结果。

二、聚丙烯酰胺凝胶电泳原理

聚丙烯酰胺凝胶电泳(polyacryamide gel electrophoresis，简称 PAGE)根据其有无浓缩效应，分为连续系统与不连续系统两大类，前者电泳体系中缓冲液 pH 及凝胶浓度相同，带电颗粒在电场作用下，主要靠电荷及分子筛效应；后者电泳体系中由于缓冲液离子成分、pH、凝胶浓度及电位梯度的不连续性，带电颗粒在电场中泳动不仅有电荷效应、分子筛效应，还具有浓缩效应，因而其分离条带清晰及分辨率均较前者佳。目前常用的多为垂直的圆盘及板状两种。前者凝胶是在玻璃管中聚合，样品分离区带染色后呈圆盘状，因而称为圆盘电泳(disc electrophoresis)，其装置如图 3-3；后者，凝胶是在 2 块间隔几毫米的平行玻璃板中聚合，故称为板状电泳(slab electrophoresis)。两者电泳原理完全相同。

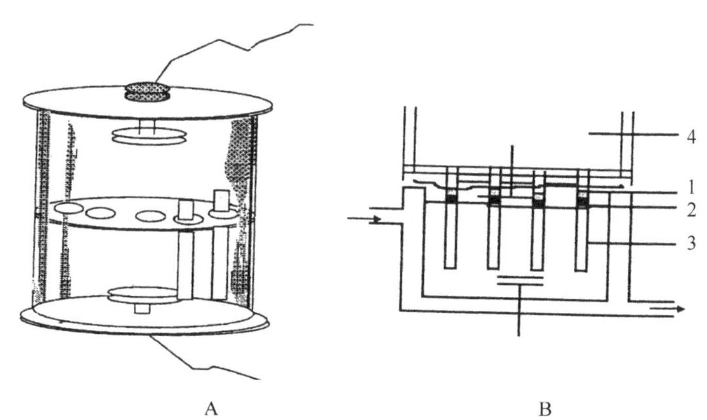

图 3-3 聚丙烯酰胺凝胶圆盘电泳示意图

A. 为正面；B. 为剖面

1：样品胶 pH6.7；2：浓缩胶 pH6.7；3：分离胶 pH8.9；4：电极缓冲液 pH8.3

不连续体系由电极缓冲液、样品胶、浓缩胶及分离胶所组成，它们在直立的玻璃管中(或 2 层玻璃板中)排列顺序依次为上层样品胶、中间浓缩胶、下层分离胶，如示意图 3-4。

样品胶是聚合成为的大孔胶，*T*=3%，*C*=2%，其中含有一定量的样品及 pH6.7 的 Tris-HCl 凝胶缓冲液，其作用是防止对流，促使样品浓缩以免被电极缓冲液稀释。目前，

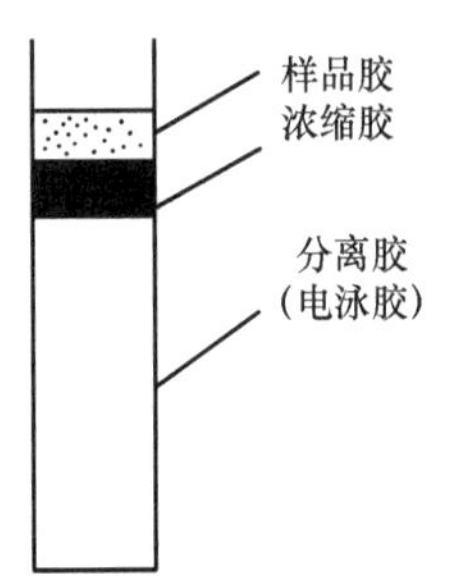

图 3-4 在玻璃管中装有 3 层不同的凝胶示意图：一般玻璃管内径为 0.7cm，长为 10cm

一般不用样品胶，直接在样品液中加入等体积 40%蔗糖，同样具有防止对流及样品被稀释的作用。

实际上，浓缩胶是样品胶的延续，凝胶浓度及 pH 与样品胶完全相同，其作用是使样品进入分离胶前，被浓缩成窄的扁盘，从而提高分离效果。

分离胶是聚合成的小孔胶，T=7.0%～7.5%，C=2.5%，凝胶缓冲液为 pH8.9 Tris-HCl，大部分血清中各种蛋白质在此 pH 条件下，按各自负电荷量及分子量泳动。此胶主要起分子筛作用。

上、下电泳槽是用聚苯乙烯或二甲基丙烯酸制作的。将带有 3 层凝胶的玻璃管垂直放在电泳槽中，在两个电极槽倒入足够量 pH8.3 Tris-甘氨酸电极缓冲液，接通电源即可进行电泳。在此电泳体系中，有 2 种孔径的凝胶、2 种缓冲体系、3 种 pH，因而形成了凝胶孔径、pH、缓冲液离子成分的不连续性，这是样品浓缩的主要因素。PAGE 具有较高的分辨率，就是因为在电泳体系中集样品浓缩效应、分子筛效应及电荷效应为一体。下面就这三种物理效应的原理，分别加以说明。

1. 样品浓缩效应

(1)凝胶孔径不连续性：上述 3 层凝胶中，样品胶及浓缩胶 T=3%为大孔胶；分离胶 T=7%或 7.5%为小孔胶。在电场作用下，蛋白质颗粒在大孔胶中泳动遇到的阻力小，移动速度快；当进入小孔胶时，蛋白质颗粒泳动受到的阻力大，移动速度减慢。因而在 2 层凝胶交界处，由于凝胶孔径的不连续性使样品迁移受阻而压缩成很窄的区带。

(2)缓冲液离子成分的不连续性：电泳液中含甘氨酸离子，pH 为 8.3；样品层及浓缩胶层中含氯离子，pH6.7；分离胶层中亦含氯离子，pH 为 8.9 时，甘氨酸的解离度(α)较小，其有效迁移率(即迁移率×解离度)亦较小，故甘氨酸常被称作慢离子(或随后离子、结尾离子)。盐酸是全部离解的，其有效迁移率最大，常被称作快离子(或先导离子、先行离子等)。而在 pH6.7 时，蛋白质的有效迁移率介乎于上面两者之间。

电泳开始后凝胶中氯离子、甘氨酸负离子、样品蛋白质离子都向正极移动，而且它们的有效迁移率(迁移率乘以离解度为有效迁移率)按以下次序排列：氯离子＞蛋白质阴离子＞甘氨酸阴离子浓缩胶中氯离子(称快离子)，很快移动到最前面，原来它停留在那部分地区则形成了低离子浓度区，即低电导区。因为，电位梯度(E)与电导率成反比，所以低电导区有较高的电位梯度，这就引起了电位梯度的突变。这种高电位梯度又使蛋白质阴离子和甘氨酸阴离子(称慢离子)在此区域加速前进，追赶快离子。当快离子和慢离子的移动速度相等的稳定状态建立以后，快离子和慢离子之间造成一个不断向正极移动的界面。夹在快、慢离子间的样品蛋白质阴离子的移动界面就在这个追赶中逐渐地被压缩，聚集成一条狭窄的起始区带。这种浓缩效应可使蛋白质浓缩数百倍。不连续电泳浓缩效应如图 3-5 所示。

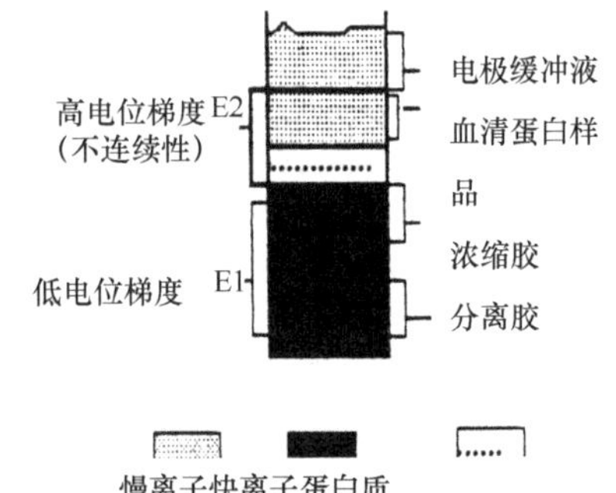

图 3-5 不连续系统浓缩效应示意图

2. 分子筛效应 分子量或分子大小和形状不同的蛋白质通过一定孔径分离胶时，受阻滞的程度不同而表现出不同的迁移率，这就是分子筛效应。

经上述浓缩效应后，快、慢离子及蛋白质均进入 pH8.9 的同一孔径的分离胶中。此时，高电压消失，在均一的电压梯度下，由于甘氨酸解离度增加，加之其分子量小，则有效泳动率增加，赶上并超过各种血清蛋白。因此，各种血清蛋白进入同一孔径的小孔胶时，则分子迁移速度与分子量大小和形状与其迁移率密切相关，分子量小且为球形的蛋白质分子所受阻力小，移动快，走在前面；反之，则阻力大，移动慢，走在后面，从而通过凝胶的分子筛作用将各种蛋白质分成各自的区带。这种分子筛效应不同于凝胶柱色谱中的分子筛效应，后者是大分子先从凝胶颗粒间的缝隙流出，小分子后流出。

3. 电荷效应 虽然各种血清蛋白在浓缩胶与分离胶界面处被高度浓缩，堆积成层，形成一狭窄的高浓度蛋白区，但进入 pH8.9 的分离胶中，各种血清蛋白所带净电荷不同，而有不同的迁移率。表面电荷多，则迁移快；反之，则慢。因此，各种蛋白质按电荷多少、分子量及形状，以一定顺序排成一个个圆盘状的区带，因而称为圆盘电泳。

目前，PAGE 连续体系应用也很广，虽然电泳过程中无浓缩效应，但利用分子筛及电荷效应也可使样品得到较好的分离，加之在温和的 pH 条件下，不致使蛋白质、酶、核酸等活性物质变性失活，也显示了它的优越性，而常为科学工作者所采纳。

聚丙烯酰胺垂直板电泳是在圆盘电泳的基础上建立的，两者电泳原理完全相同，只是灌胶的方式不同，凝胶不是灌在玻璃管中，而是灌在嵌入橡胶框凹槽中长度不同的 2 块平行玻璃板的间隙内。且间隙可调节，一般有 0.5mm，1.5mm 及 3mm 等 3 种规格的橡胶框，前 2 种多用于分析鉴定，后一种常用于制备。垂直板电泳较圆盘电泳有更多的优越性：

(1) 在同一块胶板上，可同时进行 10 个以上样品的电泳，便于在同一条件下比较分析鉴定，还可用于印迹转移电泳及放射自显影。

(2) 表面积大而薄，便于通冷却水以降低热效应，条带更清晰。

(3) 胶板制作方便，易剥离，样品用量少，分辨率高，不仅可用于分析，还可用于制备。

(4) 胶板薄而透明，电泳染色后可制成干板，便于长期保存与扫描。

(5) 可进行双向电泳。

血清蛋白在纸或醋酸纤维薄膜电泳中，只能分离出 5～6 条区带，而上述 2 种形式的聚丙烯酰胺电泳却可分离出数十条区带，因而，目前 PAGE 已广泛用于科研、农、医及临床诊断的分析、制备，如蛋白质、酶、核酸、血清蛋白、脂蛋白的分离及病毒、细菌提取液的分离等。

三、SDS-聚丙烯酰胺凝胶电泳原理

各种蛋白质因所带的净电荷、分子量大小和形状不同而有不同的迁移率。消除净电荷对迁移率的影响，可采用聚丙烯酰胺浓度梯度电泳，利用它所形成孔径不同引起的分子筛效应，可将蛋白质分开。也可在整个电泳体系加入十二烷基硫酸钠（sodium dodecyl sulfate 简称 SDS），则电泳迁移率主要依赖于分子量，而与所带的净电荷和形状无关，这种电泳方法称为 SDS-PAGE。

用 SDS-PAGE 测定蛋白质分子量的原理：SDS 是阴离去污剂，在单体浓度为 0.5mmol/L 以上时，蛋白质和 SDS 就能结合成复合物；当 SDS 单体浓度大于 1mmol/L 时，它与大多

数蛋白质平均结合比为 1.4g SDS/1g 蛋白质；在低于 0.5mmol/L 浓度时，其结合比一般为 0.4g SDS/1g 蛋白质。由于 SDS 带有大量负电荷，当其与蛋白质结合时，所带的负电荷大大超过了天然蛋白质原有的负电荷，因而消除或掩盖了不同种类蛋白质间原有电荷的差异，均带有相同密度的负电荷，因而可利用分子量差异将各种蛋白质分开。在蛋白质溶解液中，加入 SDS 和巯基乙醇，巯基乙醇可使蛋白质分子中的二硫键还原，使多肽组分分成单个亚单位。SDS 可使蛋白质的氢键、疏水键打断，因此它与蛋白质结合后，还引起蛋白质构象的改变。此复合物的流体力学和光学性质均表明，它们在水溶液中的形状近似雪茄形的长椭圆棒。不同蛋白质-SDS 复合物的短轴相同，约 1.8nm，而长轴改变则与蛋白质的分子量呈正比。基于上述 2 种情况，蛋白质-SDS 复合物在凝胶电泳中的迁移率不再受蛋白质原有电荷和形状的影响，而只是与椭圆棒的长度，也就是蛋白质分子量的函数有关。

进行 SDS-PAGE 时，可利用已知分子量蛋白质的电泳迁移率和分子量的对数作出标准曲线，再根据未知蛋白质的电泳迁移率求得分子量。用此法测定蛋白质分子量具有仪器设备简单，操作方便，样品用量少，耗时少(仅需一天)，分辨率高，重复效果好等优点，因而得到非常广泛的应用与发展。它不仅用于蛋白质分子量测定，还可用于蛋白质混合组分的分离和亚组分的分析，当蛋白质经 SDS-PAGE 分离后，设法将各种蛋白质从凝胶上洗脱下来，除去 SDS，还可进行氨基酸顺序、酶解图谱及抗原性质等方面的研究。

四、聚丙烯酰胺凝胶等电聚焦电泳原理

等电聚焦(isoelectrofocusing，IEF)是 20 世纪 60 年代中期问世的一种利用有 pH 梯度的介质分离等电点不同的蛋白质的电泳技术。由于其分辨率可达 0.01pH 单位，因此特别适合于分子量相近而等电点不同的蛋白质组分的分离。在具有稳定的 pH 梯度介质的电场中，被分离的各蛋白质组分将朝与其 pI 的相等的 pH 介质处移动，并停止在该处，形成分离的蛋白质区带，而将各蛋白组分分离开来。在 IEF 的电泳中，介质的 pH 梯度是由小分子量的两性电解质形成的，这些两性电解质的 pI 在 3～10 之间。无论是在凝胶中还是在自由溶液中的两性电解质的混合物，都被置于阳极的酸溶液(如 H_3PO_4)与阴极的碱溶液(如 NaOH)之间。当存在外加电场时，每一种两性电解质向其 pI 值处移动，形成了一个稳定的 pH 梯度。理想的两性电解质载体应在 pI 处有足够的缓冲能力及电导，前者保证 pH 梯度的稳定，后者允许一定的电流通过。不同 pI 的两性电解质应有相似的电导系数，从而使整个体系的电导均匀。两性电解质的分子量要小，易于应用分子筛或透析方法将其与被分离的高分子物质分开，而且不应与被分离物质发生反应或使之变性。常用的 pH 梯度支持介质有聚丙烯酰胺凝胶、琼脂糖凝胶、葡聚糖凝胶等。电泳后，不可用染色剂直接染色，因为常用的蛋白质染色剂也能和两性电解质结合，因此应先将凝胶浸泡在 5%的三氯醋酸中去除两性电解质，然后再以适当的方法染色。

五、聚丙烯酰胺凝胶双向电泳原理

PAGE 双向电泳是由两种类型的 PAGE 组合而成。它的第一向是以蛋白质等电点(pI)的差异为基础进行分离的等电聚焦电泳，第二向是以蛋白质分子量差异为基础进行分离的 SDS-PAGE，简称为 IEF/SDS-PAGE。样品经第一向 IEF-PAGE 电泳分离后，样品按等电点的不同在横向被第一次分离开来。然后进行第二向 SDS-PAGE 电泳，样品按照分子量大

小的不同在垂直方向进行第二次分离(图 3-6)。由于这一方法具有较高的灵敏度和分辨率，双向凝胶电泳是目前蛋白质最有效的分离方法，成为蛋白质组分离的核心技术。

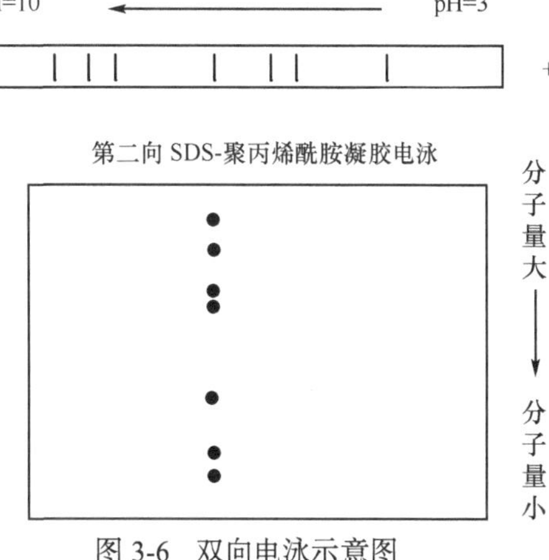

图 3-6 双向电泳示意图

第五节 染色方法

经醋酸纤维、琼脂(糖)、聚丙烯酰胺电泳分离的各种生物分子需用染色法使其在支持物相应位置上显示出谱带，从而检测其纯度、含量及生物活性。蛋白质、糖蛋白、脂蛋白、核酸及酶等均有不同的染色方法，现分别介绍如下：

一、蛋白质染色

染色液种类繁多，各种染色液染色原理不同，灵敏度各异。使用时可根据需要加以选择。常用的染色液有：

1. 考马斯亮蓝 R_{250}(coomassie brilliant blue R_{250}，简称 $CBBR_{250}$或 PAGE blue83) 考马斯亮蓝 R_{250}的分子式为 $C_{14}H_{44}O_7H_3S_2Na$，*MW*=824，λ_{max} =560～590nm。染色灵敏度比氨基黑高 5 倍。该染料是通过范德瓦尔键与蛋白质结合，尤其适用于 SDS 电泳微量蛋白质染色，但蛋白质浓度超过一定范围时，对高浓度蛋白质染色不合乎 Beer 定律，作定量分析时要注意这点。

2. 考马斯亮蓝 G_{250}(简称 CBB G_{250}或 PAGE blue G_{90}，又名 xylene brilliant cyanin G) 考马斯亮蓝 G_{250}比 CBB R_{250}多二个甲基。*MW*=854，λ_{max}=590～610nm。染色灵敏度不如 R_{250}，但比氨基黑高 3 倍。其优点是在三氯乙酸中不溶而成胶体，能选择地使蛋白质染色而几乎无本底色，所以常用于重复性好和稳定的染色，适于作定量分析。

3. 氨基黑 10B(amino black 10B，又称为 amidoschwarz 10B 或 naphthalene blueblack，2B 200) 氨基黑 10B 是酸性染料。其磺酸基与蛋白质反应构成复合盐，是最常用的蛋白质染料之一，但对 SDS-蛋白质染色效果不好。另外，氨基黑 10B 染不同蛋白质时，着色度不等、色调不一(有蓝、黑、棕等)；作同一凝胶柱的扫描时，误差较大。

4. 银染色法 此法是 Switzer R.C.和 Merril C.R.首先提出的，它较 CBB R_{250}灵敏 100 倍。但染色机制尚不清楚，可能与摄影过程 Ag^+的还原相似。其灵敏度很高，牛血清为 $4\times10^{-5}\mu g/mm^2$，即清蛋白为 $8\times10^{-5}\mu g/mm^2$，cyt *c* 为 $1.7\times10^{-4}\mu g/mm^2$，因此也常用于凝胶电泳蛋白质染色。

二、脂蛋白染色

1. 苏丹黑 B(sudan black B) 将 2g 苏丹黑 B 加 60ml 吡啶和 40ml 醋酸酐混合，放置过夜。再加 3000ml 蒸馏水，乙酰苏丹黑即析出。抽滤后再溶于丙酮中，将丙酮蒸发，剩下粉状物即乙酰苏丹黑。将乙酰苏丹黑溶于无水乙醇中，使呈饱和溶液。用前过滤。按样品总体积 1/10 量加入乙酰苏丹黑饱和液将脂蛋白预染后进行电泳。此染色适用于琼脂糖电泳及 PAGE 脂蛋白的预染。

2. 油红 O(oil red) 将凝胶先置于平皿中，用 5%乙酸固定 20min，用 H_2O 漂洗吹干后，再用油红 O 应用液染色 18h，在乙醇：水=5：3 中浸洗 5min，最后用蒸馏水洗去底色。必要时可用氨基黑复染，以证明是脂蛋白区带。

三、核酸的染色

核酸染色法一般可将凝胶先用三氯乙酸、甲酸-乙酸混合液、氯化高汞、乙酸、乙酸镧等固定，或者将有关染料与上述溶液配在一起，同时固定与染色。有的染色液同时染 DNA 及 RNA，如 stains-all、溴乙锭、焙花青-铬矾法等，也有 DNA、RNA 各自特殊的染色法。

1. DNA 染色法 除了用 EB 染色外，还有以下几种方法：

(1) 甲基绿(methyl green)：一般将 0.25%甲基绿溶于 0.2mol/L pH4.1 的乙酸缓冲液中，用氯仿抽提至无紫色，将含 DNA 的凝胶浸入，室温下染色 1h 即可显色，此法适用于检测天然 DNA。

(2) 二苯胺(diphenylamine)：DNA 中的 α-脱氧核糖在酸性环境中与二苯胺试剂染色 1h，再在沸水浴中加热 10min 即可显示蓝色区带。此法可区别 DNA 和 RNA。

2. RNA 染色法

(1) 荧光染料溴乙锭(ethidium bromide 简称 EB)：可用于观察琼脂糖电泳中的 RNA、DNA 带。EB 能插入核酸分子中碱基对之间，导致 EB 与核酸结合。超螺旋 DNA 与 EB 结合能力小于双链开环 DNA，而双链开环 DNA 与 EB 结合能力又小于线性 DNA，可在紫外分析灯(253nm)下观察荧光。如将已染色的凝胶浸泡在 1mmol/L $MgSO_4$ 溶液中 1h，可能降低未结合的 EB 引起的背景荧光，对检测极少量的 DNA 有利。EB 染料具有下列优点：操作简单，凝胶可用 1～0.5μg/ml 的 EB 染色，染色时间取决于凝胶浓度，低于 1%琼脂糖的凝胶，染 15min 即可。多余的 EB 不干扰在紫外灯下检测荧光；染色后不会使核酸断裂，而其他染料做不到这点，因此可将染料直接加到核酸样品下，以便随时用紫外灯追踪检查；灵敏度高，对 1ng RNA、DNA 均可显色。EB 染料是一种强烈的诱变剂，操作时应注意防护，应戴上聚乙烯手套。

(2) 焦宁 Y(pyronine Y)：此染料对 RNA 染色效果好，灵敏度高。TMV-RNA 在 2.5%PAAG，直径为 0.5cm 的凝胶柱中检出的灵敏度为 0.5μg；若选择更合适的 PAAG 浓度，检出灵敏度可提高到 0.01μg；脱色后凝胶本底颜色浅而 RNA 色带稳定，抗光且不易退色。

(宗义强)

第四章　离 心 技 术

离心技术(centrifugal technique)是利用物体高速旋转时产生的离心力以及物质的沉降系数或浮力密度的差异而发展起来的一种分离技术。颗粒的沉降速度取决于离心机的转速及其自身与中心轴的距离。不同大小、形状和密度的颗粒会以不同的速度沉降。当悬浮颗粒密度大于周围介质密度时，发生沉降；当颗粒密度低于周围介质的密度时，发生漂浮。这项技术应用非常广范，是蛋白质、酶、核酸及细胞亚组分分离的最常用的方法之一，也是生化实验室中常用的分离、纯化或澄清的方法。本章主要介绍生物生物离心机的基本原理、方法、应用和注意事项。

第一节　离心技术的基本原理

悬浮在液体中的固相颗粒除受到离心力(F_c)外，还受到颗粒在介质中移动时的摩擦阻力(F_f)、与离心力方向相反的浮力(F_B)、颗粒处于重力场之下的重力(F_g)和与重力方向相反的浮力(F_b)(见图 4-1)。颗粒在液体中的运动速度取决于：①重力(F_g)——液体中的颗粒处在重力场内时，如在一支平稳的试管内，将会受到地球的重力的作用而运动。②固液相对密度的差别——相对密度小于液相的颗粒悬浮在上面，相对密度大于液相的颗粒则沉淀下来。③颗粒的大小与形状。④沉降介质的黏滞力。

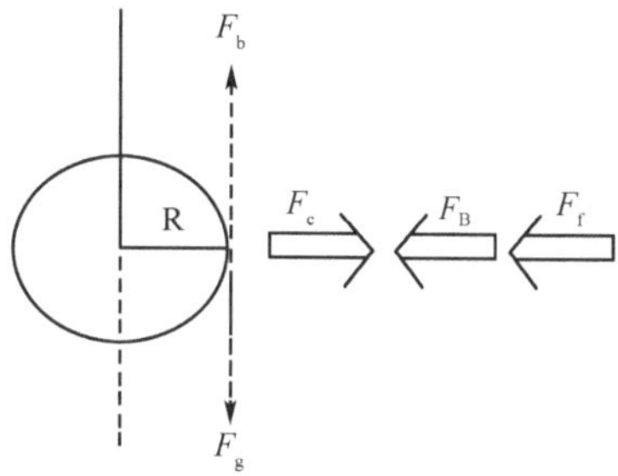

图 4-1　悬浮颗粒离心示意图

F_c：离心力；F_B：浮力；F_f：摩擦阻力；F_g：重力；F_b：由重力引起的浮力

一、离　心　力

离心作用是根据在一定角度速度下作圆周运动的任何物体都受到一个向外的离心力进行的。离心力(centrifugal force，Fc)的大小等于离心加速度 ω^2R 与颗粒质量 m 的乘积，即：

$$F_c=m\omega^2R \tag{4-1}$$

式(4-1)中 ω 是旋转角速度，以弧度/秒为单位；R 是颗粒离开旋转中心的距离，以 cm 为单位；m 是质量，以克(g)为单位。根据离心机应用的习惯，将颗粒离开轴心的方向定为离心力的方向，这与物理学上所指的向心力方向正好相反。

二、相对离心力

由于各种离心机转子的半径或者离心管至旋转轴中心的距离不同，离心力而受变化，因此在文献中常用“相对离心力”(relative centrifugal force，RCF)或“数字×g”表示离心力，只要 RCF 值不变，一个样品可以在不同的离心机上获得相同的结果。RCF 就是实际离心场转化为重力加速度的倍数。

$$RCF = \frac{F_{离心力}}{F_{重力}} = \frac{m\omega^2 X}{g} = \frac{(2\pi n / 60)}{980} \cdot R = 1.118 \times 10^{-5} \cdot n \cdot X$$

式中 R 为离心转子的半径距离，以 cm 为单位；g 为地球重力加速度（$980cm/sec^2$）；n 为转子每分钟的转数（rpm）。

在上式的基础上，Dole 和 Cotzias 制作了与转子速度和半径相对应的离心力的转换列线图。

三、重力及浮力

重力（F_g）是质量与重力加速度的乘积，用下式表示：

$$F_g = m \times g \tag{4-2}$$

重力的方向与离心力的方向互相垂直，其大小远远小于离心力，可以忽略不计。同时由重力而产生的作用在颗粒上的浮力（F_b）也可忽略不计。

在重力场中，浮力是指被物体所排开的周围介质的重量。但在离心场中，颗粒的浮力与离心力方向相反，为颗粒排开介质的质量与离心加速度之乘积。用式（4-3）表示：

$$F_B = \frac{m}{P_p}(P_m)\omega^2 R = \frac{P_m}{P_p} m\omega^2 R \tag{4-3}$$

其中 P_p 为颗粒密度（g/cm^3），P_m 为介质密度（g/cm^3），$\frac{m}{P_p}$ 为介质的体积，$\frac{m}{P_p}P_m$ 为颗粒排开介质的质量。

综上所述，在离心场中，作用于颗粒上的力主要有离心力 F_c、浮力 F_B 和摩擦阻力 F_f。

四、介质的摩擦阻力

1856 年，Stocke 建议介质对颗粒的摩擦阻力（F_f）用式（4-4）表示：

$$F_f = 6\pi\eta \cdot R_p \frac{dR}{dt} \tag{4-4}$$

其中 η 是介质的黏滞系数（厘泊，cP）；R_p 是颗粒的半径（cm）；dR/dt 是颗粒在介质中的移动速度（cm/s），又称为沉降速度（V），指单位时间内颗粒沉降的距离。上述方程只适用于球形颗粒，对于椭球形颗粒的 Stocke 阻力方程应改成为：

$$F_f = 6\pi\eta \cdot R_p \left(\frac{dR}{dt}\right)\frac{f}{f_0} \tag{4-5}$$

其中 f_0 为球形摩擦系数，f 为同球形等体积的扁球形或椭球形的摩擦系数。从 f/f_0 可见，偏离球形越大，f 越大，则阻力 F_f 值也越大。

五、沉 降 速 度

沉降速度（sedimentation velocity，V）指在离心力作用下单位时间内颗粒沿半径方向运动的距离。当离心转子从静止状态加速旋转时，原来处于悬浮状态的颗粒如果密度大于周围介质的密度，则颗粒离开轴心方向移动，即发生沉降；如果颗粒密度低于周围介质的密度，则颗粒朝向轴心方向移动，即发生漂浮。无论沉降或漂浮，离心力的方向与摩擦阻力和浮力方向相反；当离心力增大时，反向的两个力也增大，到最后离心力与摩擦阻力和浮力平衡，颗粒的沉降(或漂浮)速度达到某一极限速度，这时颗粒运动的加速度等于零，速度 dR/dt 变成恒速运动。那么

$$F_c = F_B + F_f \tag{4-6}$$

将式(4-1)、式(4-3)、式(4-5)代入式(4-6)，整理后得

$$V = \frac{\mathrm{d}R}{\mathrm{d}t} = \frac{d^2(P_p - P_m)}{18\eta f / f_0}\omega^2 R \tag{4-7}$$

从式(4-7)可见：①颗粒的沉降速度与颗粒直径的平方、颗粒密度和介质密度的差值以及离心加速度呈正比，而与介质的黏滞度、颗粒偏离球形的程度成反比；②当颗粒的密度 P_p 大于介质密度 P_m 即 $P_p > P_m$ 时，颗粒发生沉降；反之 $P_p < P_m$，颗粒漂浮；而当 $P_p = P_m$ 时，颗粒不沉不浮；③在离心加速度 $\omega^2 R$ 不变的情况下，颗粒的沉降速度主要决定于颗粒的直径大小和颗粒的形状，而颗粒的密度所起的作用较小。

六、沉降系数

根据 1924 年 Svedberg 对沉降系数(sedimentation coefficient，S)下的定义：颗粒在单位离心力场中粒子移动的速度。

$$S = V/w^2R$$

S 实际上时常在 10^{-13} 秒左右，故把沉降系数 10^{-13} 秒称为一个 Svedberg 单位，简写 S，量纲为秒，S 与颗粒的大小、形状、密度以及离心所使用的介质密度和黏度有关，与转子的速度和类型无关。

七、沉降时间

在实际工作中，常常遇到要求在已有的离心机上把某一种溶质从溶液中全部沉降分离出来的问题，这就必须首先知道用多大转速与多长时间可达到目的。如果转速已知，则需解决沉降时间(sedimentation time，Ts)来确定分离某粒子所需的时间。样品颗粒完全沉降到底管内壁的时间用 Ts 可用下列方程表示：

$$Ts = \frac{1}{S} \cdot \frac{\ln X_2 - \ln X_1}{\omega^2}$$

式中 X_2 为离心转轴中心至离心管底内壁的距离，X_1 为离心转轴至样品溶液弯月面之间的距离，Ts 以 h 为单位，S 以 Svedberg 为单位。

第二节 离心机的分类

目前在生物医学领域内常用的离心机种类繁多，按其离心转子能达到的最高转速分类，有：低速离心机(＜6000r/min)、高速离心机(＜25 000r/min)、超速离心机(＞30 000r/min)。超速离心机根据用途不同，可分为制备型、分析型及制备分析两用型。制备型与分析型超速离心机主要区别在于分析型有附设的光学系统，可在离心分离过程中将大分子的沉降行为

以扫描或照相形式记录下来。而制备离心机没有附设的光学系统，在离心过程中无法直接见到颗粒的沉降行为。制备分析两用机，通过更换转子和装上光学附件进行分析工作。

第三节 离心分离的种类

根据离心原理，可设计出各种离心方法，归纳起来有二大类：差速离心法和密度梯度区带离心法。

一、差速离心法

通过逐步增加相对离心力或者低速高速交替进行，使沉降速度不同的颗粒在不同离心速度及不同离心时间下进行多次分离的方法，称为差速离心法。此法常用于分离沉降系数相差较大的颗粒。进行差速离心时，首先要选择好颗粒沉降所需的离心力和离心时间。离心力过大或离心时间过长，容易导致大部分或全部颗粒沉降及颗粒被挤压损伤。先选用较小的离心力和较短的离心时间进行离心时，在离心管底部得到的是最大和最重颗粒的沉淀，分出的上清液进一步加大转速再次进行离心，得到第二部分较大、较重颗粒的“沉淀”及含更小而轻颗粒的“上清液”，如此反复进行，即能把液体中的不同颗粒较好地分离开。此法所得沉淀是不均一的，仍杂有其他成分，需经再悬浮和再离心（2～3 次），才能得到较纯的颗粒。差速离心法主要用于分离细胞器和病毒。

二、密度梯度区带离心法

密度梯度区带离心法是将样品加在惰性梯度介质中进行离心沉降或沉降平衡，在一定的离心力下把颗粒分配到梯度中某些特定位置上，形成不同区带的分离方法。此法具有以下优点：①分离效果好，可一次获得较纯颗粒；②适应范围广，像差速离心法一样分离具有沉降系数差的颗粒，又能分离有一定浮力密度差的颗粒；③颗粒不会挤压变形，能保持颗粒活性，并防止已形成的区带由于对流而引起混合。此法的缺点是：①离心时间较长；②需要制备惰性梯度介质溶液；③操作严格，不易掌握。

密度梯度区带离心法包括速率区带和等密度离心二种方法。后者又可分为预制梯度等密度及自形成梯度等密度两种方法，现分别叙述如下：

（一）速率区带离心法

速率区带离心法是先在离心管内先装入密度梯度介质（如蔗糖、甘油、KBr、CsCl 等），待分离的样品铺在梯度液的顶部，同梯度液一起离心。由于离心力的作用，颗粒离开原样品层，按不同沉降速度向管底沉降，离心一定时间后，沉降的颗粒逐渐分开，最后形成一系列界面清楚的不连续区带。沉降系数越大，往下沉降越快，所形成的区带也越低。沉降系数较小的颗粒，则在较上部分依次出现。在离心过程中，区带的位置和形状（或宽度）随时间而改变，因此区带的宽度不仅取决于样品组分的数量、梯度的斜率、颗粒的扩散作用和均一性，也与离心时间有关，时间越长，区带越宽。

(二)预制梯度等密度离心法

等密度离心法又分为预制梯度等密度离心法和自成梯度等密度离心法两种方式。

1. 预制梯度等密度分离颗粒的方法 要求在离心前预先配制介质的密度梯度。常用的梯度介质有蔗糖、CsCl 和 Cs_2SO_4。待分离的样品一般也铺在梯度液顶上，其密度应小于顶部的梯度密度。如果夹在梯度液中间或管底部，应调节样品密度，以防未离心就上浮或沉淀。在进行离心时，由于不同种类的颗粒具有各自的浮力密度差，在离心场中，颗粒或向下沉降，或向上浮起，一直沿梯度移动到与它们密度恰好相等的位置上(即等密度点)形成区带，此即为等密度离心法。处于等密度点上的颗粒没有重量，区带的形状、位置均不受影响，体系处于动态平衡。此法因达到平衡所需时间较长，故需较长时间的离心。

预制梯度等密度离心方法与速率区带离心法有相似之处，都是预先将介质铺成梯度；但它们所依赖的基础、离心时间、转速及颗粒与周围介质的密度是否相等诸方面是有一定差别的。

2. 自成梯度等密度离心法 是采用某些密度梯度介质经过离心后自身形成梯度。这种性能取决介质的本质，如蔗糖、甘油等梯度材料在离心后不会形成线性梯度，而 CsCl、Cs_2SO_4 等经长时间离心后可产生稳定的梯度。自成梯度等密度离心法总的离心时间应包括梯度介质形成密度梯度达到平衡的时间和样品颗粒进入等密度所需时间的总和，故所需时间较长，一般为十几小时至几十小时。离心时间与离心管内液柱长短有关，也与梯度材料的扩散系数有关。

第四节 离心机操作注意事项

(1)务必精密地平衡离心管、它们的内容物及离心管套筒。超速离心机转头是镶置在一根很细的轴上，因此在两支离心管平衡时重量之差不得超过各个离心机说明书所规定的范围。制备性超速离心机两离心管平衡时重量之差不得超过 0.1g。

(2)平衡后的一对离心管、其内容物及离心管套筒必须对称放置，不能错位，以免因离心所产生的离心力不对称而损坏离心轴。

(3)离心前务必先盖好离心机盖子，再打开电源，设定速度和时间，再按启动按钮，离心机逐步加速，此时必需密切监控，若发现异常声音或震动，立即停止。

(4)当离心到达所需要的时间后，待离心机自然停止转动后，打开离心机盖子取出离心管。关闭离心机电源，拔掉电源，清洁整理离心机、离心管、套筒、天平等。

(5)超速离心时，应注意选择合适的离心管和转头。根据待离心液体性质及体积选择合适的离心管，装载液体时要按各种离心机具体操作说明进行。有的离心管无盖，液体不能装得过多，以防离心时甩出，造成转头生锈或被腐蚀。制备性超速离心机的离心管，要求必须将液体装满，以免离心时塑料离心管上部凹陷变形。根据转速选择合适的转头，绝对不允许超过额定转速使用。转头在使用前应放冰箱内预冷。离心完后，转头应用温水洗涤并干燥，切勿将转头浸泡在去污剂中。洗净的转头擦干后放在室温中干燥。转头长期不用应涂一层上光蜡保护。转头在使用中应防止与其他物品碰撞，避免造成伤痕，如果发现有被腐蚀迹象，则不能再用。

(段秋红)

第五章　蛋白质组技术

第一节　蛋白质组学

蛋白质组(proteome)是指某种细胞或组织中基因组表达的所有蛋白质。蛋白质组是一个动态的概念，这里所说的“所有蛋白质”其实是一个模糊的说法。因为，即使是同一种细胞，处于不同的状态，如发育的不同阶段，内外界环境的不同影响等，细胞中的蛋白质会有相应的变化，从而导致不同的蛋白质组。研究蛋白质组的差异可以了解不同时期细胞内蛋白质的变化，如正常细胞和异常细胞之间，细胞用药和不用药之间的蛋白质水平上的差别等，这在疾病研究和药物筛选上有重要的意义，也是蛋白质组在应用上最具前景的方面。随着蛋白质组领域研究的不断发展，蛋白质组的概念也将不断延伸和深入。

蛋白质组学的研究是功能基因组学研究的重要内容。从 DNA→mRNA→蛋白质，存在3 个层次的调控，即转录水平调控、翻译水平调控、翻译后水平调控。从 mRNA 的角度进行考虑，实际上仅包括了转录水平调控，并不能全面的代表蛋白质表达水平。蛋白质本身的存在形式和活动规律如翻译后修饰，蛋白质间相互作用以及蛋白质构象等问题，仍需要依赖于对蛋白质的研究来解决。蛋白质组研究已经成为一个新的研究热点，这一领域的发展将大大加速生命科学的研究进程，并可望在疾病研究方面起到重要作用。

由于一系列技术方法上的突破，特别是双向凝胶电泳技术、色谱技术和质谱技术的发展，使蛋白质组的研究成为可能。在分离技术方面，双向凝胶电泳是最经典、最成熟的分离蛋白质组的方法，毛细管电泳、液相色谱及多维液相色谱技术也是蛋白质组的有效分离手段。而质谱技术已成为最重要的蛋白质分析鉴定方法。

第二节　蛋白质组分离技术

蛋白质组的研究，实质上是在细胞水平上大规模地对蛋白质进行分离和分析。这与传统意义上的蛋白质研究是不同的，后者的研究对象通常仅是某一个或某一类蛋白质。两者虽然仅一字之差，但无论在概念上还是在技术方法上都有巨大的区别。蛋白质组的分离分析是在细胞水平上，而且往往要处理上千种蛋白质，这对蛋白质研究技术的灵敏度、精确度和分辨率有极高的要求，传统的蛋白质研究方法无法适应这种要求。

如前所述，双向凝胶电泳是最经典、最成熟的蛋白质组的分离方法，是早期蛋白质组研究的分离技术的核心。双向凝胶电泳的第一向是以蛋白质等电点(pI)的差异为基础进行分离的等电聚焦电泳，第二向是以蛋白质分子量差异为基础进行分离的 SDS-PAGE。由于这一方法具有较高的灵敏度和分辨率，它立即被应用在分离细胞内提取的复杂蛋白质混合物，还成功分离了大肠杆菌的超过一千种蛋白质。但它当时并没有得到更为广泛的应用，是因为早期的第一向等电聚焦电泳采用载体两性电解质“Ampholine”在外加电场下形成

pH 梯度，这个 pH 梯度还不够稳定，致使重复性较差。另外上样量也较少，有时需要多次分离才能积累足够的量进行分析。在当时的条件下，蛋白质分离后的分析工作量十分庞大，对分离到的上千种蛋白质进行分析和鉴定非常困难。目前，第一向 IEF 采用固相 pH 梯度等电聚焦(Immobilized pH gradients isoelectric focusing，IPG IEF)，解决了重复性和上样量这两个问题。同时预制的商品化 IPG 胶条也使操作趋于自动化。加上分析鉴定技术的大幅度改进以及计算机数据库的应用，使双向凝胶电泳成为蛋白质组分离技术上常用方法之一。

一、双向凝胶电泳的特点

与其他的蛋白质分离技术相比，双向凝胶电泳的优点在于：

1. 一次分离　由于蛋白质组研究要求分离的是细胞中所有的蛋白质，因此分离的步骤越少，对样品的影响就越少，而且操作也相对简单。采用其他的分离方法如 HPLC 等，往往要经过多次步骤，每一次都会造成样品的损失，特别是对于表达量很少的蛋白质更是如此。蛋白质组是在细胞整体水平上对蛋白质进行研究，要求尽量减少分离过程中样品的损失，双向凝胶电泳可以一次性地将细胞中所有蛋白质分离和展示出来，从整体上研究细胞蛋白质的组成和变化。

2. 高灵敏度和高分辨率　凝胶电泳的灵敏度是比较高的，在不同的染色方法下，有不同的灵敏度。通常在银染条件下，灵敏度可以达到 10^{-15}～10^{-18}mol 水平，即使是表达量很少的蛋白质，也可以检测出来。另外，双向凝胶电泳的分辨率相当高，因为通过以电荷和分子量差异为基础的两次分离，即使是差别很小的蛋白质之间也能得到较好的分离，如可以分辨出糖蛋白的不同糖型成分。良好的分辨率不仅可以保证有效的分离，也是进一步进行分析鉴定的基础，分辨不好造成的样品混合，将给分析鉴定乃至数据库检索带来很大的麻烦。

3. 便于计算机分析处理　双向凝胶电泳分离后的图谱经扫描输入计算机，可以进行蛋白质的定位，等电点和分子量的鉴定，以及蛋白质的定量，不同的图谱间可以进行比较。图谱上的蛋白质点经过分析定性后，可以建立蛋白质组数据库。相同细胞的双向凝胶电泳应该有一定程度的重复性，这样只需要比较实验结果和数据库，就可以对电泳分离到的已知蛋白质的斑点进行定性和定量，而不必再重复所有的分析鉴定。

4. 与分析鉴定方法相匹配　双向凝胶电泳可以很好地与分析鉴定方法匹配，电泳后样品可以方便地转移到 PVDF 膜上，进行 N 端或 C 端蛋白质序列分析。更为常用和成熟的方法是，直接进行蛋白质胶内酶解或膜上酶解，然后进行 HPLC-质谱(LC/MS)分析。

二、双向凝胶电泳的基本步骤

1. 样品制备

2. 第一向等电聚焦　详见第三章。

3. 平衡及二向间转移

4. 第二向 SDS-PAGE　详见第三章。

5. 蛋白质的检测　电泳后胶上蛋白质的检测有多种方法，灵敏度和分辨率有一些差异，不同染色方法灵敏度不同，造成图谱不完全相同。传统的染色方法有考马斯亮蓝染、银染、铜染等，其中银染以其灵敏度高，分辨率好而应用最广泛。但银染操作较繁琐，而且常常造成蛋白质末端封闭，不利于蛋白质序列分析。还有些实验室采用同位素标记、抗体标记、荧光检测蛋白质。如采用荧光桔、荧光红等，被认为是有前途的方法，它操作简便快速，灵敏度也很高。荧光标记可在等电聚焦之前进行，但荧光试剂往往会引入电荷，造成蛋白质等电点的迁移，因此最佳的标记时间是在进行第二向电泳之前进行。

6. 图谱数字化分析 双向电泳分离后，图谱需要经过图像扫描，计算机数字化处理，确定每个蛋白质点的等电点和分子量。提供蛋白质鉴定的初步信息，一旦蛋白质点经过分析鉴定，就可以建立起蛋白质组数据库。

第三节 蛋白质组分析技术

蛋白质组分析技术有较多种的选择，比如质谱方法、蛋白质序列分析、氨基酸组成分析等。其中质谱分析和蛋白质序列分析最为重要，而质谱以其快速、准确、灵敏而成为蛋白质组主要的分析技术。

蛋白质组中的分析技术与常规蛋白质研究的分析技术也有所不同，常规蛋白质研究通常是解决未知序列或验证已知序列，蛋白质序列分析是最可靠的方法。但蛋白质组研究要求在短时间内分析双向电泳分离到的上千种蛋白质，即使是丰度很低的蛋白质也希望被鉴定。因此，分析方法的速度、灵敏度和准确性至关重要。传统的序列分析方法测定一个蛋白质的 N 端 10 个氨基酸残基需要至少 5h，而且若蛋白质末端被封闭，将无法测序。而质谱技术可在 1h 内完成一个蛋白质整个肽谱的鉴定，得到完整的蛋白质全序列，经计算机数据库查询，可以很快地鉴定蛋白质。另外，对于末端封闭或某些残基被修饰的情况，质谱方法几乎是目前唯一最快速有效的方法。因此，质谱技术是蛋白质组的首选分析方法。

一、质谱技术的发展及各种类型的质谱仪

质谱技术的基本原理是样品分子离子化后，根据不同离子间质荷比（m/z）的差异来分离并确定分子量。一台质谱仪一般有进样装置、离子化源、质量分析器、离子检测器和数据分析系统组成。在这几部分中，离子化源和质量分析器是两个中心部件，也是发展得最快的两个方面。不同类型的质谱仪主要就是根据这两个部件来命名的，如电喷雾电离（ESI）快原子轰击质谱（FAB）是根据离子化源不同来区分，而飞行时间质谱（TOF）、四级杆质谱则是根据质量分析器来划分。不同离子源和质量分析器相匹配，就基本确定了质谱仪的工作方式。如 ESI 离子源通常与四级杆、离子阱质量分析器相匹配，而基质辅助的激光解析离子化源（MALDI）通常与飞行时间分析器相结合，即所谓 MALDI-TOF 质谱仪。

由于 ESI 质谱仪和 MALDI-TOF 质谱仪适合用于蛋白质大分子的分析，目前以这两类质谱仪在蛋白质组研究中应用最为广泛。从灵敏度来看，ESI-MS 和 MALDI-TOF-MS 都可以常规达到低于 pmol 和 fmol 水平，从质量范围来看，ESI 通常不超过 100 000Da，而 MALDE-TOF-MS 可以达到 300 000Da 以上；ESI-MS 对样品纯度要求较高，不纯或盐浓度较高的样品将影响分辨率和精确度，而 MALDI 对混合物和盐的耐受性较好；在肽序列分析上 ESI 的功能强于 MALDI-TOF-MS。由于 ESI 是液相进样，MALDI-TOF-MS 是固相进样，因此 ESI-MS 可较好地与现有的蛋白质分析方法如 HPLC，蛋白测序技术相匹配。在

蛋白质翻译后修饰研究中，由于 ESI-MS 的强大的 MS/MS 乃至 MSn 功能，可以解析蛋白质的各种修饰的位点，如糖基化、磷酸化等，以及复杂的糖链结构。但在蛋白质组研究的工作中，MALDI-TOF-MS 更适合于大规模、高速度的分析鉴定。

在离子化方法上，早期的质谱仪采用电子电离方式。由于电子电离方式的样品分子必须气化，并且与电子直接碰撞，这种电离方式将会使热稳定性差，极性大的蛋白质分子产生大量的碎片离子，所以不能用于蛋白质类生物大分子样品的分析。电喷雾离子化（ESI）和基质辅助的激光解析离子化（MALDI）都是所谓“软电离”方法，即样品分子电离时保留整个分子的完整性，不会形成碎片离子。由于 ESI 和 MALDI 技术的成熟，质谱技术才被广泛应用于生物大分子的分析研究。

现代质谱仪还发展了一项重要的功能——串联质谱（tandem-MS），可用于蛋白质肽链的测序。其原理是在进行第一级质谱分析得到肽的分子离子后，选取目标肽的离子作为母离子，与惰性气体碰撞，使肽链中的肽键断裂，形成一系列子离子，即 N 端碎片离子系列（b 系列）和 C 端碎片离子系列（y 系列），将这些碎片离子综合分析，可得出肽段的氨基酸序列。在以四级杆为质量分析器的质谱，通常是将三个四级杆串联起来，实现二级质谱（MS/MS），这就是所谓三级四级杆质谱。在以离子阱为质量分析器的质谱中，采用离子阱可多次捕捉母离子和子离子，因此可实现多级质谱（MSn，n 为级数），一般可达 5～10 级，多级质谱可用于分子结构的分析。

二、质谱技术在蛋白质组研究中的作用

1. 肽质量指纹图谱和肽序列分析　蛋白质经过双向电泳分离后，把分离开的蛋白质斑点切割下来，进行凝胶内的酶解（主要方式），或转移到 PVDF 膜上，进行膜上酶解。酶解后的产物可用质谱分析，与数据库中已知蛋白质的肽质量指纹图谱比较，就可以确定其是否为已知蛋白质，或是判断为何种蛋白质。这个过程比常规的 Edman 降解快得多，因此很适合大规模的蛋白质组研究。在这里，计算机数据库起了很大的作用。也可采用 MS/MS 测定肽段序列，所得肽序列可作为序列标签，在相关数据库中检索，从而确定为何种蛋白质。

2. 蛋白质翻译后修饰的鉴定　蛋白质一级结构可以从基因序列演绎，但翻译后修饰的信息几乎无法仅从基因序列得到。翻译后修饰包括磷酸化、糖基化、N 端封闭等，而这些翻译后修饰对于蛋白质的功能乃至细胞的功能都十分重要，因此这些修饰的鉴定对于蛋白质组特别是功能蛋白质组的研究意义重大。Edman 降解法对于这些修饰的鉴定无能为力，而采用质谱法可通过特征离子监测的方法很快确定磷酸化肽，通过串联质谱确定磷酸化位点。在糖蛋白分析方面，质谱更显示了独特的优势，不仅可以通过质谱，蛋白酶解和糖苷酶酶解相结合的方法寻找糖肽，鉴定糖基化位点，还可依靠 MS/MS 或 MSn 分析糖链组成、结构、甚至分支情况。翻译后修饰的快速鉴定大大简化和加速了蛋白质组的研究进程。

3. 质谱技术在蛋白质组研究中的其他作用　质谱技术在蛋白质组研究中主要作用是鉴定蛋白质，此外还可以进行蛋白质二硫键的定量和定位、蛋白质—蛋白质相互作用的分析、蛋白质与其他分子的相互作用、蛋白质的二级结构的分析等等。这些分析结果都是对蛋白质组深入研究的宝贵资料。

三、蛋白质组数据库的建立

蛋白质组研究很重要的一个方面就是数据库的建立。数据库的范围很广，包括蛋白质序列数据库、质谱数据库、双向电泳图谱数据库等。一个完整的蛋白质组研究包括细胞蛋白质的抽提、双向电泳的分离、分离图谱的计算机扫描、定位、定量和等电点的确定、蛋白质酶解并从胶中抽提、质谱分析及其他分析方法对蛋白质的分析、分析后对蛋白质的鉴定、最后在计算机上建立包括蛋白质序列数据库、质谱数据库、双向电泳图谱数据库的蛋白质组数据库。

狭义上的蛋白质组数据库指的是双向电泳图谱数据库。双向电泳图谱数据库的建立是指蛋白质被分离和分析后对图谱中的每—个蛋白质斑点进行定位和定性，经计算机处理后得到的二次图谱。

蛋白质经双向电泳分离和质谱分析后必须通过数据库的查询，才能确定蛋白质的性质，是已知或未知，有否翻译后修饰，与同类蛋白质同源性如何等。每一种细胞数据库的建立和不断完善，意味着越来越多的蛋白质得到分离和分析，是蛋白质组研究取得进展的标志。数据库建立后可以进行实验室内的比较，比如正常细胞和癌细胞之间的比较，这种比较在疾病研究和药物开发中很有意义。数据库还能通过 Internet 进行实验室之间的比较。但这通常较为困难，因为不同实验室方法上哪怕是微小的差异，也会使同一样品的分离图谱有区别。

Internet 上目前有许多蛋白质组数据库可供查询，目前最著名的蛋白质组数据库是 SWISS-2DPAGE，始建与 1993 年，到 1999 年 9 月为止，经过了 9 次更新，建立了 23 种人和鼠细胞的蛋白质组数据库，另外还包括大肠杆菌、酵母等。专门的大肠杆菌数据库 ECD2DBASE 目前已更新到第六版，分离到 1600 多种蛋白质。

四、蛋白质组学研究的前景

蛋白质组学与基因组学的共同特点是从整体的角度进行研究。在生命科学领域中，随着蛋白质组学研究技术的发展和成熟，蛋白质组学研究必将与基因组学研究互相补充，更完整的解释各种生命现象，更有效地进行疾病的诊断和治疗，推进 21 世纪的生命科学研究。

（田　俊）

第六章　生物大分子制备技术

生物大分子主要是指蛋白质和核酸。以蛋白质和核酸的结构与功能为基础，从分子水平上认识生命现象，已经成为现代分子生物学发展的主要方向。为研究生物大分子的结构或功能，首先需要得到高度纯化并具有生物活性的目的物质。生物大分子的制备一般分为以下几个阶段：预处理和细胞的分离，细胞的裂解及细胞器的分离，生物大分子的提取和分离纯化，浓缩、干燥和保存。

分离纯化是生物大分子制备的关键技术，其方法很多，主要利用生物大分子之间理化性质的差异，如分子大小、形状、酸碱性、溶解度、极性、电荷和对其他分子的亲和性等建立起来的。目前纯化蛋白质的 3 种关键方法是电泳、色谱和离心。表 6-1 将生物大分子制备的方法按照分子的大小和形状、密度、溶解度、带电性质、对其他分子的亲和力等主要因素进行了分类。在实际工作中，往往需要综合使用几种方法才能制备出一种纯化的生物大分子。在所有这些方法的应用中必须注意保存生物大分子的完整性，防止酸、碱、高温、剧烈机械作用而导致所提取物质生物活性的丧失。

表 6-1　生物大分子分离纯化方法类型

性质	具体方法
分子大小	离心、超滤、透析、凝胶色谱、SDS-聚丙烯酰胺凝胶电泳
分子的密度	超速离心
溶解度	盐析、有机溶剂沉淀、等电点沉淀、分配色谱
带电性质	等电聚焦电泳、离子交换色谱
亲和力	亲和色谱
疏水性	疏水色谱

第一节　预处理和细胞的分离

一、选择材料及预处理

微生物、植物和动物都可作为制备生物大分子的原材料，所选用的材料主要依据实验目的来确定。

对于微生物，应注意它的生长期，如在微生物的对数生长期，酶和核酸的含量较高，可以获得高产量。

植物材料必须经过去壳、脱脂并注意植物品种和生长发育状况不同，其中所含生物大分子的量变化很大，另外与季节性关系密切。

对动物组织，要选择有效成分含量丰富的脏器组织为原材料，先进行绞碎、脱脂等处理。

二、细胞的分离

分离细胞是生物学实验中的基本技术之一，它主要是根据细胞本身的某些性质来分离具有同一性状的细胞群，综合起来主要基于细胞以下性质；①细胞大小；②细胞密度；③细胞表面电荷；④细胞表面标志(外源凝集素和抗体等)；⑤每个细胞的散射光线总量；⑥细胞中一个或多个成分的荧光；⑦细胞对其他介质的吸附作用。下面介绍几种常用的细胞分离方法。

1. 梯度沉降分离法 主要根据细胞大小分离细胞。细胞在单位重力作用下，通过密度介质，或在低离心力作用下，通过梯度密度溶液沉降。由于细胞大小不同，沉降速度不同，细胞越大沉降越快。在分离细胞过程中，为了稳定沉降细胞，需要使用适当的分离介质形成一定的梯度密度溶液，常用的分离介质有聚蔗糖和蔗糖等。本法常用于分离大小差异较明显的培养细胞。

2. 等密度沉降分离法 主要根据细胞密度差异分离细胞。细胞在连续密度梯度分离介质中，受强离心力作用下，细胞最后到达与其密度相同的分离介质层面，并能保持平衡。在非连续密度梯度中，分离细胞主要集中于介于其自身密度的两种密度介质交界面上，从而达到分离细胞。目前常用于细胞分离的介质有 Ficoll(一种聚蔗糖)、Percoll(一种表面包被聚乙酰胺吡咯烷酮的硅胶颗粒)、Metrizamide(甲泛葡胺)。

3. 流式细胞仪分离法 是以免疫荧光法使荧光抗体与细胞膜表面抗原结合，继而用超声波使其充分分散为单个细胞，再将细胞悬液通过一个直径 50μm 的喷嘴以 10m/s 速度喷出，使细胞悬液成为极细的微滴，每微滴至多含一个细胞。经激光照射时，细胞上所带的荧光被激发而转换成脉冲，测定脉冲数可换算出各种不同细胞表面抗原的情况。同时由于悬浮微滴中的细胞带不同程度的负电荷，受电场影响后，移行偏斜程度不同，而不带电荷的细胞仍以直线流过，为此可收集到不带电荷或带电荷多少不同的各种细胞，即为不同群的细胞。本法优点是分离速度很快，分离的细胞仍保持各种功能。

第二节 细胞的裂解及细胞器的分离

一、细胞的裂解

目前已建立很多裂解细胞，释放细胞内容物的方法。根据作用方式不同，基本可以分为两大类：机械法和非机械法。传统的机械法包括匀浆、研磨、压榨、超声等；常见的非机械法包括渗透、酶溶、冻融、激光破碎、冷冻喷射、相向流撞击等。选择的原则是该方法不影响目的蛋白或产物的结构和功能，或者说，采用的方法可以避免造成目的蛋白或产物的变性或失活。

细胞裂解前，组织一般用缓冲盐溶液洗去残留血液和污染物；培养细胞通常用缓冲盐溶液混悬后离心，除去残留培养液等。细胞裂解获得的抽提物称为匀浆。匀浆根据需要选择不同离心力进行离心，所得上清含有目的蛋白称为粗提物。如果粗提物有漂浮颗粒，可用纱布或玻璃纤维滤去后再进一步纯化。各种组织和细胞的常用裂解方法列于表 6-2。

表 6-2　各种组织细胞裂解方法

细胞裂解方法	组织种类	细胞裂解方法	组织种类
旋刀式匀浆	大多数动、植物组织	酶溶	细菌、酵母
手动式匀浆	柔软的动物组织	去垢剂渗透	组织培养细胞
超声破碎	细胞混悬液	有机溶剂渗透	细菌、酵母
高压匀浆	细菌、酵母、植物细胞	低渗裂解	红细胞、细菌
研磨	细菌、植物细胞	冻融裂解	培养细胞
高速珠磨	细胞混悬液		

1. 匀浆法　匀浆是破碎机体软组织最常用的方法之一。它的工作原理是通过固体剪切力破碎组织和细胞，释放蛋白进入溶液。匀浆器主要有四类：刀片式组织匀浆器、内切式组织匀浆器、玻璃匀浆器和用于规模生产的高压匀浆器。玻璃匀浆器的匀浆杵有玻璃制的，也有特夫隆制的，既可以手动也可以电动。匀浆是简便、迅速和风险小的组织破碎方法，是实验室首先考虑的方法之一。

匀浆过程应注意维持低温。玻璃匀浆器可外置冰水浴，其他匀浆容器可预冷或在冷室内匀浆。匀浆时所需匀浆缓冲液的体积在不同条件下可有很大差别，有时甚至可为湿重组织体积的 9～10 倍。

(1)杵状玻璃匀浆器法：该匀浆器由一根一端表面磨砂的玻璃杵和一个内壁磨砂的玻璃管组成。使用时，先用锋利的刀片把组织切成碎块，然后把组织碎块或细胞悬液加入套管后，手工或以电动搅拌机旋转研磨，玻璃杆在套管中上下移动时产生机械剪切力使细胞破碎。这种方法对生物大分子破坏少，是目前广泛使用的一种细胞破碎方法。

(2)高速组织匀浆器法：匀浆器由调速器、支架、马达、带杆叶片刀和梅花玻璃杯组成。使用时先将 4℃预冷的组织碎块或细胞悬液加入玻璃杯中，至杯体积的 1/3 即可，盖好玻璃杯盖，固定好带杆叶片刀，缓缓调节旋转速度。一般开机数十秒后，组织细胞即可被高速旋转的叶片刀破碎。组织捣碎机高速转动时易产热可导致分离物的降解，因此注意不能持续时间过久，必要时使用循环冷却水降温。

2. 超声波法　输入高能超声波可以破碎细胞，其机制可能与强声波作用溶液时，气泡产生、长大和破碎的空化现象有关。空化现象引起的冲击波和剪切力使细胞裂解。超声破碎的效率取决于声频、声能、处理时间、细胞浓度及细胞类型等。

使用超声破碎必须注意的是控制强度在一定限度，即刚好低于溶液产生泡沫的水平。因为产生泡沫会导致蛋白质变性。过低的强度将降低破碎效率。超声破碎在处理少量样品时操作简便，液量损失少，但是此法的缺点是超声波处理产生的化学自由基团能使某些敏感的活性物质变性失活，噪声令人难以忍受，在处理过程中会产生大量的热，因此对冷却的要求相当高，仅适用于实验室小规模细胞裂解。对超声波敏感的酶和核酸应慎用。

3. 研磨法　研磨是裂解单一细胞的有效措施。借助研磨中磨料和细胞间的剪切及碰撞作用裂解细胞。常用的磨料为石英砂、氧化铝。在研钵内样品与磨料被研磨成厚糊状。一次破碎的细胞量湿重可达 30g。此法主要用于细菌、酵母和一些植物组织。研磨操作一般不超过 15min。石英砂或氧化铝用前做清洁处理。

4. 酶溶法　酶溶法就是用生物酶将细胞壁和细胞膜消化溶解的方法。因此利用此方法处理细胞必须根据细胞的结构和化学组成选择适当的酶。常用的有溶菌酶、β-1，3-葡聚糖酶、β-1，6-葡聚糖酶、蛋白酶、甘露糖酶、糖苷酶、肽链内切酶、壳多糖酶等。细菌主要用溶菌酶处理，酵母需用几种酶进行复合处理。使用溶酶系统时要注意控制温度、酸碱度、酶用量、先后次序及时间。

5. 化学渗透法 有些有机溶剂（如苯、甲苯），抗生素，表面活性剂（SDS、NP-40、Triton X-100 等），金属螯合剂（EDTA），变性剂（盐酸胍、脲）等化学药品都可以改变细胞壁或细胞膜的通透性，使内含物有选择地渗透出来。此法主要用于溶解培养的动物细胞。低浓度表面活性剂处理，如能充分溶解细胞，则它是很温和的方法。若目的蛋白不稳定，冰浴中孵育时间可以减少甚至取消；裂解液中加入 0.2 倍体积 50%甘油也可以稳定目的蛋白。

6. 反复冻融法 将细胞在–20℃以下冰冻，室温融解，反复几次，由于细胞内冰粒形成和剩余细胞液的盐浓度增高引起溶胀，使细胞结构破碎。它仅适用于提取非常稳定的蛋白。对于韧性很强的组织如皮肤、肌腱等，可用液氮冻硬变脆，敲碎成小块后，在研钵中加液氮研成粉再加缓冲液溶解。

无论用哪一种方法裂解组织细胞，都会使细胞内蛋白水解酶或核酸水解酶释放到溶液中，使大分子物质降解，导致目的物质得率的减少。可用二异丙基氟磷酸（DFP）、碘乙酸、苯甲磺酰氟化物（PMSF）抑制某些蛋白水解酶的活性，还可通过选择 pH、温度或离子强度等，适合于目的物质的提取。

二、细胞器的分离

各类生物大分子在细胞内的分布是不同的，DNA 几乎全部在细胞核内，RNA 则主要在细胞质，各种酶在细胞内的分布也有特定的位置。因此应根据某一目的物质的位置来选取材料。

细胞器的分离，一般采用差速离心法或密度梯度离心法。这是利用细胞各组分质量大小不同，沉降于离心管内不同区域，分离后即得到所需组分。细胞器分离中常用的介质有蔗糖、Ficoll、聚乙二醇等高分子溶液。

第三节　生物大分子的提取、分离纯化和定量

一、蛋白质的提取

提取是将经过处理或裂解的细胞，置于一定的条件和溶液中，让被提取的生物大分子充分释放出来的过程。影响提取的因素主要是被提取物质在提取的溶液中溶解度的大小及由固相扩散到液相的难易程度。减小溶剂的黏度、搅拌和延长提取时间可提高生物大分子扩散速度，增加提取效果，提取的原则是“少量多次”，即对于等量的提取溶液，分多次提取比一次提取效果好得多。

大部分蛋白质都可溶于水、稀盐、稀酸或稀碱溶液，少数与脂类结合的蛋白质则溶于乙醇、丙酮、丁醇等有机溶剂中，因此，可采用不同溶剂提取分离和纯化蛋白质及酶。

（一）水溶液提取法

稀盐和缓冲系统的水溶液对蛋白质稳定性好，溶解度大，是提取蛋白质最常用的溶剂，

通常用量是原材料体积的 1～5 倍，提取时需要均匀地搅拌，以利于蛋白质的溶解。提取的温度视有效成分的性质而定。一方面，多数蛋白质的溶解度随着温度的升高而增大，因此，温度高利于溶解，缩短提取时间。但另一方面，温度升高会使蛋白质变性失活，因此，基于这一点考虑，提取蛋白质时一般采用低温（5℃以下）操作。下面着重讨论提取液的 pH 和盐浓度的选择。

1. pH　蛋白质是具有等电点的两性电解质，提取液的 pH 应选择在偏离等电点两侧的 pH 范围内。一般来说，碱性蛋白质用偏酸性的提取液提取，而酸性蛋白质用偏碱性的提取液提取，以增大蛋白质的溶解度，提高提取效果。

2. 盐浓度　提取蛋白质的盐浓度，一般在 0.02～0.2M 的范围内。稀盐溶液可促进蛋白质的溶解，称为盐溶作用。同时稀盐溶液因盐离子与蛋白质部分结合，具有保护蛋白质不易变性的优点，因此在提取液中加入少量 NaCl 等中性盐，一般以 0.15mol/L 浓度为宜。等渗盐溶液常采用 0.02～0.05mol/L 的磷酸盐或碳酸盐的缓冲液。

（二）有机溶剂提取法

一些和脂质结合比较牢固或分子中非极性侧链较多的蛋白质，不溶于水、稀盐溶液、稀酸或稀碱中，可用丙酮、异丙醇、乙醇或正丁醇等有机溶剂，这些溶剂都同时有亲脂性和亲水性，是理想的提取液，但必须在低温下操作。

正丁醇提取法对提取一些与脂质结合紧密的蛋白质和酶特别优越，一是因为正丁醇亲脂性强，特别是溶解磷脂的能力强；二是正丁醇兼具亲水性，在溶解度范围内不会引起蛋白质的变性失活。

二、蛋白质的分离纯化

蛋白质的分离纯化方法很多，主要有以下几类。

（一）根据蛋白质溶解度不同的分离方法

1. 蛋白质的盐析　中性盐对蛋白质的溶解度有显著影响，一般在低盐浓度下随着盐浓度升高，蛋白质的溶解度增加，称为盐溶；当盐浓度继续升高时，蛋白质的溶解度不同程度下降并先后析出，这种现象叫盐析。将大量盐加到蛋白质溶液中，高浓度的盐离子（如硫酸铵的 SO_4^{2-} 和 NH_4^+）有很强的水化作用，可夺取蛋白质分子的水化层，使之“失水”，于是蛋白质胶粒凝结并沉淀析出。盐析时若溶液 pH 在蛋白质等电点则效果更好。由于各种蛋白质分子颗粒大小、亲水程度不同，故盐析所需的盐浓度也不一样，因此调节混合蛋白质溶液中的中性盐浓度可使各种蛋白质分段沉淀。

影响盐析的因素有：①温度：除对温度敏感的蛋白质在低温（4℃）操作外，一般可在室温中进行。一般温度低蛋白质溶解度降低。但有的蛋白质（如血红蛋白、肌红蛋白、清蛋白）在较高的温度（25℃）比 0℃时溶解度低，更容易盐析。②pH：大多数蛋白质在等电点时，在浓盐溶液中的溶解度最低。③蛋白质浓度：蛋白质浓度高时，欲分离的蛋白质常常夹杂着其他蛋白质一起沉淀出来（共沉现象）。因此在盐析前血清要加等量生理盐水稀释，使蛋白质含量在 25～30g/L。

蛋白质盐析常用的中性盐，主要有硫酸铵、硫酸镁、硫酸钠、氯化钠、磷酸钠等。其中应用最多的是硫酸铵，它的优点是溶解度的温度系数小而溶解度大(25℃时饱和溶液为4.1mol/L，即541.2g/L；0℃时饱和溶解度为3.9mol/L即514.8g/L)，在这一溶解度范围内，许多蛋白质和酶都可以盐析出来；另外硫酸铵分段盐析效果也比其他盐好，不易引起蛋白质变性。硫酸铵溶液的pH常在4.5～5.5之间，当用其他pH进行盐析时，需要硫酸或氨水调节。

硫酸铵浓度常以百分浓度表示。以 X%表示所要配制的溶液浓度，X_0%表示开始的溶液的浓度，所需的硫酸铵克数按以下公式计算：

$$硫酸铵\ g = 515(X-X_0)/(100-0.27X)$$

蛋白质在用盐析沉淀分离后，需要将蛋白质中的盐除去，常用的办法是透析，即把蛋白质溶液装入透析袋内，用缓冲液进行透析，并不断地更换缓冲液，因透析所需时间较长，所以最好在低温中进行。此外也可用葡聚糖凝胶G-25或G-50过柱的办法除盐，所用的时间比较短。

2. 等电点沉淀法 蛋白质在等电点时颗粒之间的静电斥力最小，因而溶解度也最小，各种蛋白质的等电点有差别，可利用调节溶液的pH达到某一蛋白质的等电点使之沉淀，但此法很少单独使用，可与盐析法结合使用。

3. 低温有机溶剂沉淀法 用与水可混溶的有机溶剂，如甲醇、乙醇或丙酮，可使多数蛋白质溶解度降低并析出。此法分离效率比盐析高，但蛋白质较易变性，应在低温下进行。

(二)根据蛋白质分子大小的差别的分离方法

1. 透析与超滤 透析法是利用半透膜将分子大小不同的蛋白质分子分开。超滤法是利用高压力或离心力，使水和其他小的溶质分子通过半透膜，而蛋白质留在膜上，可选择不同孔径的滤膜截留不同相对分子质量的蛋白质。

2. 凝胶过滤法 也称分子排阻色谱或分子筛色谱，这是根据分子大小分离蛋白质混合物最有效的方法之一。柱中最常用的填充材料是葡聚糖凝胶和琼脂糖凝胶(详见第二章第四节常用色谱方法)。

(三)根据蛋白质带电性质进行分离

蛋白质在不同pH环境中带电性质和电荷数量不同，可将其分开。

1. 电泳法 各种蛋白质在同一pH条件下，因相对分子质量和电荷数量不同而在电场中的迁移率不同而得以分开(详见第三章电泳技术)。

2. 离子交换色谱法 当被分离的蛋白质溶液流经离子交换色谱柱时，带有与离子交换剂相反电荷的蛋白质被吸附在离子交换剂上，随后用改变pH或离子强度的办法将吸附的蛋白质洗脱下来(详见第二章色谱技术)。

(四)根据配体特异性的分离方法——亲和色谱法

亲和色谱法(affinity chromatography)是分离蛋白质的一种极为有效的方法，它通常只需经过一步处理即可使某种待提纯的蛋白质从很复杂的蛋白质混合物中分离出来，而且纯度很高(详见第二章色谱技术)。

蛋白质在组织或细胞中是以复杂的混合物形式存在，每种类型的细胞都含有上千种不同的蛋白质，因此蛋白质的分离、提纯和鉴定是生物化学中的重要部分，至今还没有一个单独或一套现成的方法能把任何一种蛋白质从复杂的混合蛋白质中提取出来，因此往往采取几种方法联合使用。

三、核酸的分离纯化

核酸分离纯化包含样品的裂解和纯化两大步骤。裂解是使样品中的核酸游离在裂解体系中的过程，纯化则是使核酸与裂解体系中的其他成分，如蛋白质、盐及其他杂质彻底分离的过程。分离和纯化核酸总的原则：①应保证核酸一级结构的完整性；②排除其他分子的污染。

对于核酸的纯化应达到以下三点要求：①核酸样品中不应存在对酶有抑制作用的有机溶剂和过高浓度的金属离子；②其他生物大分子如蛋白质、多糖和脂类分子的污染应降低到最低程度；③排除其他核酸分子的污染，如提取 DNA 分子时，应去除 RNA 分子，反之亦然。

为了保证分离核酸的完整性和纯度，在实验过程中，应注意以下事宜：①尽量简化操作步骤，缩短提取过程，以减少各种有害因素对核酸的破坏；②减少化学因素对核酸的降解，为避免强酸、强碱对核酸链中磷酸二酯键的破坏，操作多在 pH4～10 条件下进行；③减少物理因素对核酸的降解，物理降解因素主要是机械剪切力，其次是高温。机械剪切力包括强力高速的溶液震荡、搅拌，使溶液快速地通过狭长的孔道；细胞突然置于低渗液中；细胞爆炸式的破裂以及 DNA 样品的反复冻贮。机械剪切作用的主要危害对象是大分子量的线性 DNA 分子，如真核细胞的染色体 DNA。对分子量小的环状 DNA 分子，如质粒 DNA，威胁相对小一些。高温，如长时间的煮沸，除水沸腾带来的剪切力外，高温本身对核酸分子中的有些化学键也有破坏作用。核酸提取过程中，常规操作温度为 0～4℃，此温度环境降低核酸酶的活性与反应速率，减少对核酸的生物降解；④防止核酸的生物降解，细胞内或外来的各种核酸酶消化核酸链中的磷酸二酯键，直接破坏核酸的一级结构。其中 DNA 酶，需要金属二价离子 Mg^{2+}、Ca^{2+}的激活，使用金属二价离子螯合剂乙二胺四乙酸（EDTA），基本上可以抑制 DNA 酶的活性。而 RNA 酶，不但分布广泛、极易污染样品，而且耐高温、耐酸、耐碱、不易失活，所以生物降解是 RNA 提取过程中的主要危害因素。

（一）DNA 的提取

不同生物（植物、动物、微生物）的基因组 DNA 的提取方法有所不同；不同种类或同一种类的不同组织因其细胞结构及所含的成分不同，分离方法也有差异。在提取某种特殊组织的 DNA 时必须参照文献和经验建立相应的提取方法，以获得可用的 DNA 大分子。在提取 DNA 的溶液中加入 EDTA 等金属螯合剂，以除去 Mg^{2+}和 Ca^{2+}，抑制脱氧核糖核酸酶（DNase）的活性，减少对 DNA 的水解。DNA 制品中的少量 RNA 可用纯的 RNase 水解除去。

（二）RNA 的提取

RNA 提取与 DNA 提取在技术路线上有许多相同的地方，如组织破碎、核酸酶的抑制等。但是，RNA 提取比 DNA 提取更需特别小心，因为只要存在有极微量的 RNA 酶（RNase）就可能降解 RNA，所以在提取 RNA 时最要紧的问题是防止 RNase 的降解，许多试剂中甚至手指上都有 RNase，常用的抑制 RNase 措施有：①低温 4℃操作；②所用器皿高压消毒，试剂中加入 RNase 抑制剂(如 DEPC)；③操作中戴手套、口罩。

真核 mRNA 由于其结构上的特异性为提取和纯化带来方便。因 mRNA 3′ 端均含有 poly A，可利用寡聚脱氧胸腺核苷酸 [oligo(dT)] 色谱柱，将 mRNA 从总 RNA 中纯化出来。

(三)核酸的纯化

核酸的纯化最关键步骤是去除蛋白质，通常只要用酚/氯仿、氯仿抽提核酸的水溶液即可。每当需要把 DNA 克隆操作的某一步所用的酶灭活或去除以便进行下一步时，可进行这种抽提。然而，如果从细胞裂解液等复杂的分子混合物中纯化核酸，则要先用蛋白酶 K 消化大部分蛋白质后，再用酚/氯仿抽提：这两种有机溶剂合用，比单独用酚抽提的除蛋白效果更佳，继而用氯仿抽提则可除去核酸制品中的痕量酚。

随着分子生物学以及高分子材料学的快速发展，传统的利用有机溶剂纯化核酸的方式逐渐被以固相吸附物载体为基础的新方法所取代，如离心柱提取法、纳米磁珠提取法等。

四、蛋白质的定量

蛋白质是一种十分重要的生物大分子，它的种类很多，结构不均一，分子量又相差很大，功能各异，这样就给建立一个理想而又通用的蛋白质定量分析的方法带来了许多具体的困难。目前测定蛋白质含量的方法有很多种，下面列出根据蛋白质不同性质建立的一些蛋白质测定方法：

物理性质：　紫外分光光度法
化学性质：　凯氏定氮法、双缩脲法、Lowry 法、BCA 法、胶体金法
染色性质：　考马斯亮蓝染色法、银染法、
其他性质：　荧光法

蛋白质测定的方法很多，但每种方法都有其特点和局限性，因而需要在了解各种方法的基础上根据不同情况选用恰当的方法，以满足不同的要求(表 6-3)。

表 6-3　常用的测定蛋白质含量方法的比较

方法	测定范围(μg/ml)	不同种类蛋白的差异	最大吸收波长(nm)	特点
凯氏定氮法		小		标准方法，准确，操作麻烦，费时，灵敏度低，适用于标准样品的测定
紫外分光光度法	50～1000	大	280	灵敏，快速，不消耗样品，核酸类杂质有影响
双缩脲法	1000～10 000	小	540	重复性、线性关系好，灵敏度低，测定范围窄，样品需要量大
Folin–酚试剂法	20～500	大	750	灵敏，费时较长，干扰物质多
考马斯亮蓝 G-250 染色法	50～500	大	595	灵敏度高，简单，误差较大，颜色会转移
BCA 法	50～1000	大	562	灵敏度高，稳定，干扰因素少，费时较长
胶体金法	1～10	大	595	灵敏度极高，稳定，操作简单，干扰物影响较大

(一)Folin-酚试剂法(又名 Lowry 法)

过去这是测定蛋白质浓度最为常用的方法，此方法的原理是蛋白质首先在碱性溶液中形成铜-蛋白质复合物,然后这一复合物可以与酚试剂中的磷钼钨酸作用产生深蓝色的钼蓝和钨蓝复合物，这种深蓝色的复合物在 745～750nm 处有最大的吸收峰，颜色的深浅与蛋白含量呈正比。其特点是灵敏度高，较双缩脲法高两个数量级，较紫外法略高，操作稍微麻烦，反应约在 15min 有最大显色，并最少可稳定几个小时，其不足之处是干扰因素较多，有较多种类的物质会影响测定结果的准确性。

(二)考马斯亮蓝 G-250 染色法

此方法是 1976 年 Bradford 建立，故又称为 Bradford 检测法。染料结合法测定蛋白质的优点是灵敏度较高，可检测到微克级的微量蛋白，操作简便、快速，试剂配制极简单，重复性好，但不同蛋白质与染料的结合量不同，干扰因素较多。

考马斯亮蓝 G-250 具有红色和青色两种色调、在酸性溶液中游离状态下为棕红色，当它通过疏水作用与蛋白质结合后，变成蓝色，最大吸收波长从 465nm 转移到 595nm 处，在一定的范围内，蛋白质含量与 595nm 的吸光度呈正比，测定 595nm 处光密度值的增加即可进行蛋白质的定量。Bio-Rad 公司的蛋白质定量检测试剂盒即以此法为依据的。

(三)紫外分光光度法

紫外光谱吸收法测定蛋白质含量是将蛋白质溶液直接在紫外分光光度计中测定的方法，不需要任何试剂，操作很简便，可连续测定，而且样品可以回收用于后续的试验。

蛋白质溶液在 280nm 附近有强烈的吸收，这是由于蛋白质中酪氨酸、色氨酸残基而引起的，所以光密度受这两种氨基酸含量的支配。另外核蛋白或提取过程中混杂的核酸对测定结果引进极大误差，其最大吸收在 260nm。所以同时测定 280 及 260nm 两种波长的吸光度，通过计算可得较为正确的蛋白质含量。

该方法操作简便、样品溶液可回收，同时可估计核酸含量。但核酸含量大于 20%或溶液混浊、则测定结果误差较大。

(四)胶体金法

采用胶体金来定量测定微量蛋白质的含量，是一种较为合适的方法。在灵敏度方面它可以达到毫微克的水平，在操作上却是简便易行。

胶体金是一种带负电荷的疏水性胶体。加入蛋白质后，鲜红色的胶体金溶液转呈为蓝色，最大吸收波长由 490nm 转移到 595nm，由于颜色的改变与加入的蛋白质有定量关系，这种波长右移的现象可用于蛋白质含量的测定。

胶体金法测定蛋白质含量的优点是灵敏度高，比 Lowry 法、染色法等都灵敏，达到毫微克水平，胶体金试剂制备简便，操作步骤简单，反应物稳定，其缺点与其他方法相似，例如干扰物的影响和各种蛋白质的反应度不同等。

(五)双缩脲法

双缩脲(H_2NOC-NH-$CONH_2$)在碱性溶液中能与铜离子作用，形成紫红色的络合物，此反应称为双缩脲反应，蛋白质分子中含有许多肽键，与双缩脲结构类似，亦能与双缩脲试剂作用，产生颜色反应，颜色深浅与蛋白质浓度呈正比。

该法灵敏度较低，一般可测定样品的蛋白质浓度范围在 1～10mg/ml。必须在显色后30min 内进行比色测定。30min 后可能有雾状沉淀发生。

双缩脲反应并非蛋白质所特有，因此有许多干扰因素影响测定结果。凡分子内有两个或两个以上肽键的化合物以及分子内有以下结构的化合物，双缩脲反应也呈阳性。

$$-C(=S)-NH_2 \qquad -C(=NH)-NH_2 \qquad -CH_2-NH_2$$

(六)BCA 法

目前实验室较多采用 BCA 法测定蛋白质含量。BCA(bicinchoninic acid，二喹啉甲酸)是一种用于蛋白质含量检测的试剂。该方法是一种改进的 Lowry 法，反应简单而且几乎没有干扰物质的影响。

其原理是在碱性环境下蛋白质分子中的肽键结构能与 Cu^{2+}生成络合物，同时将 Cu^{2+}还原成 Cu^{+}。而 BCA 试剂可敏感特异地与 Cu^{+}结合，形成稳定的蓝紫色的复合物，在 562nm 处有最大吸收值。颜色的深浅与蛋白质的浓度呈正比。该法的缺点是反应时间需要半小时。

五、DNA、RNA 的定量

准确的方法是紫外分光光度法。但本法要求核酸样品是纯净的(即无显著的蛋白质、酚、琼脂糖或其他核酸、核苷酸等污染物的制品)。用紫外分光光度计测定 260 nm 和 280 nm 两个波长处的光吸收，然后，按 1A_{260}相当于 50μg/ml 双链 DNA，40μg/ml 单链 DNA 或 RNA 及 20μg/ml 单链寡核苷酸，计算样品含量。260 nm 和 280 nm 两处读数的比值(A_{260}/A_{280})，可反映核酸的纯度。DNA 和 RNA 纯品的 A_{260}/A_{280}值分别为 1.8 和 2.0，如果样品中有蛋白质或酚的污染，则 A_{260}/A_{280}将明显低于此值，此时就无法对样品中的核酸进行精确定量。可将样品纯化后再作定量测定。有丰富实验室经验的人，仅凭样品电泳后溴化乙锭染色荧光带的强度，即可大致判断出样品中核酸含量，故他们常不作核酸的紫外分光光度法定量。

第四节 浓缩、干燥及保存

一、蛋白质的浓缩

蛋白质在制备过程中由于过柱纯化而使样品变得很稀，为了保存和鉴定的目的，往往需要进行浓缩。

(一)减压加温蒸发浓缩

利用旋转蒸发仪，通过降低液面压力使液体沸点降低，减压的真空度愈高，液体沸点降得愈低，蒸发愈快。此法适用于一些不耐热的生物大分子的浓缩。

（二）冰冻法

生物大分子在低温下结成冰，盐类及生物大分子不进入冰内而留在液相中，操作时先将待浓缩的溶液冷却使之变成固体，然后缓慢地融解，利用溶剂与溶质融解点的差别而达到除去大部分溶剂的目的。如蛋白质的盐溶液用此法浓缩时，不含蛋白质的纯冰结晶浮于液面，蛋白质则集中于下层溶液中，移去上层冰决，可得蛋白质和酶的浓缩液。

（三）吸收法

通过吸收剂直接吸收除去溶液分子使之浓缩。所用的吸收剂必须与溶液不起化学反应，对生物大分子不吸附，易与溶液分开。常用的吸收剂有聚乙二醇，聚乙烯吡咯酮、蔗糖和凝胶等。使用聚乙二醇吸收剂时，先将生物大分子溶液装入透析袋里，外加聚乙二醇颗粒覆盖置于 4℃下，袋内溶剂渗出即被聚乙二醇迅速吸去，聚乙二醇被水饱和后可更换新的，直至达到所需要的体积。

（四）超滤法

超滤法是使用一种特别的薄膜对溶液中各种溶质分子进行选择性过滤的方法。当液体在一定压力下（氮气压或真空泵压）通过膜时，溶剂和小分子透过，大分子受阻保留。这种方法最适于生物大分子尤其是蛋白质的浓缩或脱盐，并具有成本低，操作方便，条件温和，能较好地保持生物大分子的活性，回收率高等优点。

（五）沉淀法

沉淀法是常用的浓缩蛋白质的方法之一。蛋白质在某些酸、有机溶剂和高盐溶液中因溶解度的变化而形成沉淀。此法即可用于蛋白质的浓缩，也可用于蛋白质的分离纯化。常用的试剂有三氯醋酸、丙酮、乙醇、硫酸铵、聚乙二醇（PEG）等。第一种试剂常常导致蛋白质变性，而后几种试剂仍能保持蛋白质的活性。

1. 三氯醋酸沉淀法　三氯醋酸（TCA）沉淀法所需最低蛋白质的浓度是 5μg/ml。常常选用 100%TCA 沉淀蛋白质，并用 10%TCA 或乙醇-乙醚洗涤蛋白质沉淀。对于浓度为 1μg/ml 以下的蛋白质浓缩，可采用脱氧胆酸盐三氯醋酸（DOC-TCA）沉淀法。但需注意的是 DOC-TCA 沉淀反应不能在 SDS 存在的条件下进行。

2. 有机溶剂沉淀法　将有机溶剂加入蛋白质溶液时，和高盐溶液类似产生沉淀，这是因为它们能够降低蛋白质的溶解度，但两者的机制不同。盐类沉淀剂破坏蛋白质的水化层；减小蛋白质与水的结合能力；增大蛋白质与蛋白质的结合能力。有机类沉淀剂的基本功能是降低溶质的介电常数使它们之间的静电排斥力与它们的极性减弱。但共同目的是增大蛋白质之间的吸引力。

3. 硫酸铵沉淀法　即盐析法。有关的原理和特点请参见本章第三节。

4. PEG 沉淀法　PEG 是一个非离子水溶性多聚体，使用 PEG 沉淀蛋白质时，只在个别浓度下才使蛋白质稍有变性。该法的特点是 PEG 溶解时散热低，形成沉淀的平衡时间短。通常 PEG 终浓度达 30%时，蛋白质就能够达到最大量的沉淀。

二、核酸的浓缩

核酸的浓缩方法有固体聚乙二醇吸水浓缩法、丁醇抽提浓缩法、核酸沉淀法等，常用的方法是核酸沉淀法。

沉淀是浓缩核酸最常用的方法，其最大优点是通过核酸沉淀来改变核酸的溶解缓冲液及重新调节核酸在溶液中的浓度，可去除溶液中某些盐离子与杂质，在一定程度上纯化核酸。

核酸是多聚阴阳离子的水溶性化合物，它与钠、钾、镁形成的盐在许多种有机溶剂中不溶解，但也不会被有机溶剂变性，常用的有机溶剂有乙醇、异丙醇、聚乙二醇等。

1. 核酸沉淀的盐类及浓度 核酸可与许多 1 价、2 价阳性离子形成盐类，在核酸沉淀中使用最多的是阳性 1 价离子，其中包括钠、钾、铵和锂等离子，但 2 价离子镁的沉淀效力最高。每一种离子的选择均有各自的优缺点和应用范围，并且在不同的有机溶剂中其使用的浓度也不一样(表 6-4)。

表 6-4 核酸沉淀各种盐类的使用浓度

盐	贮存液(mol/L)	终浓度(mol/L)
$MgCl_2$	1	0.01
NaAc	3.0(pH5.2)	0.3
KAc	3.0(pH5.2)	0.3
NH_4Ac	10.0	2.0～2.5
NaCl	5.0	0.2
LiCl	8.0	0.8

(1)醋酸钠：为沉淀 DNA、RNA 的最常用的盐类，终浓度为 0.3mol/L(pH5.0)。

(2)氯化钠：对于含有 SDS(十二烷基硫酸钠)的 DNA 样品，最好选用 NaCl 沉淀，终浓度为 0.2mol/L。SDS 在 70%的乙醇中可保持溶解状态，不与 DNA 共沉淀，从而可通过弃上清去除这种去污剂，避免对以后酶促反应的影响。

(3)醋酸铵：四种三磷酸脱氧核糖核苷酸(dNTP)在醋酸铵盐溶液中，具有较高的溶解度，通过乙醇沉淀 DNA，可去除大部分 dNTP。所以对于逆转录、PCR 等反应，为去除未掺入核酸的 dNTP 和 NTP，普遍使用铵离子沉淀核酸，非常方便、有效。

(4)氯化锂：LiCl 的一个优点是高浓度(0.8mol/L)时可直接沉淀大分子量的 RNA(包括 rRNA 与 mRNA)，此时 LiCl 不与 DNA 共沉淀，故在质粒 DNA 提取分离时，可利用该特性去除 RNA。注意：Li^+对逆转录酶有抑制作用，所以在 mRNA 逆转录实验前不要使用 LiCl 沉淀 RNA。

(5)醋酸钾：KAc 的沉淀效果与 NaAc 相同，但核酸的钾盐形式很难溶于含 SDS 的溶液，在下一步溶解核酸沉淀的缓冲液中含有 SDS 的情况下，则不要选钾盐的方法沉淀核酸。

(6)氯化镁：Mg^{2+}是核酸沉淀中的有效离子，当核酸浓度低于 0.1μg/ml 或长度小于 100 个核苷酸时，加入 10mmol/L Mg^{2+}，可明显提高核酸沉淀的回收率。Mg^{2+}对核酸的沉淀，并不需要低温条件，即使在室温条件下，10min 以内也比 NaAc 在 0℃沉淀 DNA 效率高 2

倍。但是应用 Mg^{2+}沉淀 DNA 存在两个问题：其一是 $MgCl_2$ 沉淀的 DNA 很难溶解，尤其是对哺乳动物细胞的大分子量 DNA；其二是含痕量 Mg^{2+}的 DNA 溶解后在保存过程中易降解，因为 Mg^{2+}是 DNA 酶的激活剂。

2. 核酸沉淀的温度与时间　由于低温可限制 DNA 分子的布朗运动，所以在沉淀时低温条件并不是至关重要的因素。即使 DNA 浓度低到 20ng/ml，长度短至 20～30bp，在没有载体存在的情况下，在 0℃甚至室温条件下，10min 即可形成沉淀。另外，低温与长时间的沉淀，很易导致盐与 DNA 共沉淀，影响以后的实验。在一般条件下的 DNA 沉淀，使用 0℃冰浴，10～15min 足可达到实验的要求。但是人们在核酸沉淀时习惯于在−20℃或−70℃条件下放置几小时，甚至过夜。

3. 有机沉淀剂

(1) 乙醇：沉淀 DNA 乙醇是首选的有机溶剂，它对盐类沉淀少，DNA 沉淀中所含的痕量乙醇易蒸发去除，不影响以后的实验。在适当的盐浓度下，2 倍样品体积的无水乙醇可有效沉淀 DNA，对于 RNA 则需要将乙醇量增至 2.5 倍。

(2) 异丙醇：其优点在于所需体积小且速度快，适用于浓度低而体积大的 DNA 样品的沉淀。0.54～1.0 倍的异丙醇可选择性地沉淀 DNA 和大分子 rRNA 和 mRNA；但对 5SRNA、tRNA 及多糖不产生沉淀，一般不需在低温条件下长时间放置。其缺点是易使盐类（如 NaCl）与 DNA 共沉淀；在 DNA 沉淀中的异丙醇难以挥发除去，所以常规需要用 70%乙醇漂洗 DNA 沉淀物数次。

(3) 聚乙二醇（PEG）：可用不同浓度的 PEG 选择沉淀不同分子量的 DNA 片段。应用 PEG6000 进行沉淀时，其使用浓度与 DNA 片段的大小成反比。采用碱变性裂解法大量提取的质粒 DNA 时，可用 13%浓度（*W/V*）PEG8000 沉淀质粒 DNA，可达到一定程度的纯化。PEG 沉淀一般需要加入 0.5mol/L NaCl 或 10mmol/L $MgCl_2$。除去 DNA 沉淀中 PEG 有很多方法：如氯仿抽提、透析、凝胶电泳和 DEAE-纤维素柱分离等，最简便有效的办法是用 70%乙醇漂洗 2 次，DNA 的质量可以满足限制性内切酶反应和转化实验。

三、干　　燥

真空干燥适用于不耐高温、易于氧化物质的干燥和保存，整个装置包括干燥器、冷凝器及真空泵三部分。干燥器内常放一些干燥剂如五氧化二磷、无水氯化钙等。冷冻真空干燥除利用真空干燥原理外，同时增加了温度因素。操作时先将待干燥的液体冷冻到−20～−40℃，使之变成固体，然后在低温低压下将溶剂升华成气体而除去。这样既能在低温条件下保护样品在干燥过程中不会失活，又避免了液态样品在低压下因溶剂迅速气化而产生大量气泡的损失。此法干燥后的产品具有疏松、溶解度好、保持天然结构等优点，适用于各类生物大分子的干燥保存。

四、保　　存

生物大分子的稳定性与保存方法有很大关系。其保存可分为干粉和液态两种，但不论是干粉或液态都应避免长期暴露于空气中防止微生物的污染。温度对生物大分子的稳定性和生物活性影响很大，故一般生物大分子物质都在低温（0～4℃）保存，保存时间也不宜过长，否则，会招致样品的变质或失活。

干燥后的制品一般比较稳定，在低温情况下其活性可在数日甚至数年无明显变化，贮藏要求简单，只要将干燥的样品置于干燥器内（内装有干燥剂）密封，保存在 0～4℃冰箱即可。为了取样方便和避免取样时吸潮和被污染，可先将样品分装成小瓶，每次用时只取出一小瓶。

液态贮藏对保持生物大分子活性是不利的，有些样品在溶液中会在较短的时间内分解或失活。但对于有些样品液态贮藏也有其优点，首先免去了繁杂的干燥过程，此外生物大分子的活性和结构破坏较少。

（王　玉）

第二篇　常用医学生物化学实验

第七章　常用医学生化实验

实验一　血糖的测定

【实验目的】 了解血糖微量测定的基本原理。掌握血糖正常水平及其测定的临床意义。复习血糖的来源、去路及其调节的有关理论知识。

一、改良的邻甲苯胺硼酸法（O-TB 法）

【实验原理】 葡萄糖为含醛基的己糖，在酸性条件下加热，可脱水生成 5-羟甲基-2-呋喃甲醛，后者与邻甲苯胺缩合成绿青色的化合物，其颜色的深浅与样品中葡萄糖的含量呈成比，与进行同样处理的标准葡萄糖液相比较可求出样品中葡萄糖的含量。

人体正常血糖水平为 80～120mg/100ml，在糖尿病及肾上腺皮质机能亢进和脑下垂体机能亢进的患者血中葡萄糖含量可显著升高，饥饿时，血糖水平可下降。

【实验材料】

1. 器材 硬质试管，刻度吸管，加样器，722S 型分光光度计

2. 试剂及配制

（1）O-TB 试剂：1.5g 硫脲在 883.2ml 冰醋酸中溶解后加 76.8ml 邻甲苯胺混合，再加饱和硼酸溶液 40ml。充分混匀后放入褐色瓶内贮存备用，一般可贮存几个月。

饱和硼酸溶液：称取硼酸 6g 溶于 100ml 蒸馏水中，放置一夜过滤即可应用。

（2）葡萄糖标准贮存液：10.0mg/ml，用 0.25%安息香酸溶液配制。

（3）葡萄糖标准应用液：1.0mg/ml，用 0.25%安息香酸溶液将贮存液稀释 10 倍（3%三氯醋酸可代替安息香酸溶液）。

【操作步骤】 取硬质试管三支，分别标以 1、2、3 号，按表 7-1-1 操作：混匀后同时将三支试管置于 100℃水浴中，加热 5～6min 后，取出用冷水冷却，30min 内用 722S 型分光光度计在 620nm 比色。以空白管调零，分别测得 $A_{样}$和 $A_{标}$。

表 7-1-1　比色测血糖操作

管号 试剂（ml）	1（空白管）	2（样品管）	3（标准管）
蒸馏水	0.1		
血浆		0.1	
葡萄糖标准液			0.1
O-TB 试剂	5.0	5.0	5.0

计算

$$每100ml血浆中葡萄糖含量(mg)=\frac{A_{样}}{A_{标}}\times1\times100=\frac{A_{样}}{A_{标}}\times100$$

附注：如血中葡萄糖含量过高，颜色太深，可于样品管中加倍加入 O-TB 试剂，加热冷却后比色，并将最后的计算结果乘 2，即得每 100ml 血浆中葡萄糖的含量。

二、激素对血糖浓度的影响（葡萄糖氧化酶法）

【实验目的】 通过观察家兔在注射胰岛素和肾上腺素前后血糖浓度的变化，了解血糖微量测定的基本原理，掌握血糖正常水平及其测定的临床意义，以及复习血糖的来源、去路及其调节的有关理论知识。

【实验原理】 两只家兔，分别在注射激素（胰岛素、肾上腺素）前后静脉取血，采用葡萄糖氧化酶法测定血糖浓度，以观察激素对血糖浓度的影响。

在 pH7.0 条件下，葡萄糖氧化酶可催化血样中葡萄糖氧化生成葡萄糖酸及过氧化氢。后者与苯酚，4-氨基安替吡啉在过氧化物酶的作用下氧化缩合成红色醌式物质，在 505nm 处有最大吸收峰，标本中葡萄糖含量与吸光度呈正比，可求得血样中葡萄糖含量。用本法测定葡萄糖具有高度特异性，因此其准确度远比 O-TB 法为高，更能反映了血中葡萄糖的真实含量，是科研工作中常用的葡萄糖测定方法。随着试剂药盒的推广普及，此法也已广泛应用于临床检测。

【实验材料】

1. 仪器设备 注射器及针头、消毒酒精棉球、电子秤、乳胶手套、试管及试管架、加样器、37℃水浴箱、722S 型分光光度计、抗凝管。

2. 试剂 ①北京化工厂葡萄糖测定试剂盒；②抗凝剂：肝素、EDTA；③肾上腺素：1mg/ml；④胰岛素：4U/ml；⑤二甲苯；⑥葡萄糖标准液 100mg/dl。

【操作步骤】

1. 取血

（1）正常家兔 2 只（家兔 1，家兔 2），空腹 16h 以上，称重。

（2）兔耳缘静脉取血：兔耳去毛，用二甲苯擦耳，扩张血管。取下采血针的保护套，以 15°～30°斜角刺入静脉血管，见回血后将采血针的另一端插入含抗凝剂的试管内，使血液流入采血管中，每只家兔取血 2～3ml 血，完毕后立刻摇动，使血与抗凝剂充分混匀，取血后用干棉球压迫兔耳静脉止血。抗凝血采集后立即离心（3000r/min 15min）分离血浆，置试管中，编号，分别标明测定管 1 和测定管 2。

（3）家兔 1 臀部皮下注射肾上腺素（0.4ml/kg），15min 后，耳部取血 2～3ml（方法同上），标明测定管 3。

（4）家兔 2 臀部皮下注射胰岛素（0.5ml/kg），30min 后，耳部取血 2～3ml（方法同上），标明测定管 4。

2. 血糖测定

按表 7-1-2 操作。

表 7-1-2　血糖测定

试剂 \ 管号	测定管 1	测定管 2	测定管 3	测定管 4	标准管	空白管
血清（或血浆）(ml)	0.02	0.02	0.02	0.02	—	—
葡萄糖标准液(ml) 100mg/dl	—	—	—	—	0.02	—
蒸馏水(ml)	—	—	—	—	—	0.02
酶、酚混合试剂(ml)	1.5	1.5	1.5	1.5	1.5	1.5

混匀后 37℃保温 15min，使用 722S 型分光光度计在 505nm 波长下比色，以空白管调零，分别测得 $A_{样}$和 $A_{标}$。

计算

$$葡萄糖含量\ mg/dl=\frac{A_{样}}{A_{标}}\times 100$$

实验二　蛋白质的定量测定

【实验目的】　了解蛋白质定量测定的常用方法及原理。

一、考马斯亮蓝 G-250 染色法

【实验原理】　此方法是 1976 年 Bradform 建立。染料结合法测定蛋白质的优点是灵敏度较高，可检测到微克级的微量蛋白，操作简便、快速，试剂配制极简单，反应时间短，染料-蛋白质颜色稳定。

考马斯亮蓝 G-250 在酸性溶液中游离状态下呈棕红色，当它通过疏水作用与蛋白质结合后，变成蓝色，最大吸收波长从 465nm 转移到 595nm 处。在一定的范围内，蛋白质含量与 595nm 的吸光度呈正比。测定 595nm 处光密度值，即可进行蛋白质的定量。

【实验材料】

1. 仪器设备　722S 型分光光度计、加样器、试管、容量瓶、三角烧瓶。

2. 试剂配制

（1）考马斯亮蓝 G-250 染色液：称取 100mg 考马斯亮蓝 G-250 溶解于 50ml 95%的乙醇中，加入 100ml 85%的磷酸，加水稀释到 1000ml。

（2）蛋白标准（0.2mg/ml）：准确称取 20mg 牛血清白蛋白，在 100ml 容量瓶中加生理盐水至刻度，溶后分装，−20℃冰箱保存。

【操作步骤】　稀释血清（或其他蛋白样品溶液），准确吸取 0.1ml 血清，置于 50ml 三角烧瓶中，用生理盐水稀释至 50ml（此为稀释 500 倍，其他蛋白样品酌情而定）。再取三只试管，分别标以 1、2、3 号，按表 7-2-1 操作。

表 7-2-1　考马斯亮蓝测蛋白操作

试剂 \ 管号	1（空白管）	2（标准管）	3（样品管）
蒸馏水（ml）	0.5	—	—
蛋白标准（0.2mg/ml）	—	0.5	—

续表

试剂＼管号	1（空白管）	2（标准管）	3（样品管）
稀释血清（ml）	—	—	0.5
染色液（ml）	3	3	3

混匀后室温放置 5min，用 1 号管空白调零，读出其他各管的 A_{595} 值，计算出样品的蛋白质浓度。

结果计算

$$每100毫升血清中蛋白质的含量（g\%）=\frac{A_{样}}{A_{标}}\times 0.2\text{mg}\times\frac{100\text{ ml}\times 500}{1000}=\frac{A_{样}}{A_{标}}\times 10$$

【注意事项】

（1）因不同蛋白质与染料的结合量是不相同的，本法适合测定与标准蛋白的氨基酸组成相似的蛋白质样品，测定与标准蛋白的氨基酸组成有较大差异的蛋白质样品时，有一定的误差。

（2）显色结果受时间与温度影响较大，须注意保证样品与标准的测定控制在同一条件下进行。

（3）有些常用试剂在测定中会产生不同程度的干扰。Tris、巯基乙醇、蔗糖、甘油、EDTA 及少量去垢剂影响较少，而 1% SDS、1% TritonX-100 及 1% Hemosol 的干扰严重。

（4）考马斯亮蓝 G-250 染色能力很强，特别要注意比色杯的清洗。颜色的吸附对本次测定影响不大。用乙醇可很容易地将比色杯清洗干净。

二、BCA 法

【实验原理】 BCA（Bicinchoninic acid，二喹啉甲酸）是对一价铜离子（Cu^{+}）敏感，稳定和高特异活性的试剂。在碱性溶液中，蛋白质将二价铜（Cu^{2+}）还原成一价铜（Cu^{+}），后者与测定试剂 BCA 结合形成一种在 562nm 处具有最大光吸收的紫色复合物。复合物的光吸收强度与蛋白质浓度呈正比。该方法准确灵敏，稳定可靠，且对不同种类的蛋白质变异系数甚小。

$$蛋白质+Cu^{2+}\xrightarrow{OH^{-}}Cu^{+}\xrightarrow[BCA试剂]{}紫色复合物$$

【实验材料】

1. 仪器设备 水浴箱、722S 型分光光度计、加样器、试管、容量瓶。

2. 试剂配制

（1）BCA 试剂：测定前取甲液 50 份，乙液 1 份混合备用。

甲液：BCA 二钠盐 1g，碳酸钠（$Na_2CO_3\cdot H_2O$）2g，酒石酸钠 0.16g，氢氧化钠 0.4g，碳酸氢钠 0.95g 溶于 80ml 蒸馏水中，用 1mol/L NaOH 调 pH 至 11.25，定容 100ml。

乙液：硫酸铜（$CuSO_4\cdot 5H_2O$）4g，溶至 100ml 蒸馏水。

（2）蛋白标准（0.2mg/ml）：准确称取 20mg 牛血清白蛋白，在 100ml 容量瓶中加生理盐水至刻度。溶后分装，–20℃冰箱保存。

【操作步骤】

（1）稀释血清（或其他蛋白样品溶液）：准确吸取 0.1ml 血清，置于 50ml 容量瓶中，用生理盐水稀释至刻度（此为稀释 100 倍，其他蛋白样品酌情而定）。

（2）再取三只试管，分别标以 1，2，3 号，按表 7-2-2 操作，

表 7-2-2　BCA 法测蛋白含量

试剂＼管号	1（空白管）	2（标准管）	3（样品管）
蒸馏水（ml）	0.1	—	—
蛋白质标准（ml）	—	0.1	—
稀释血清（ml）	—	—	0.1
BCA 试剂（ml）	1.5	1.5	1.5

（3）混匀后 37℃水浴 30min，取出后 1h 内在 562nm 波长比色，计算蛋白质浓度。

结果计算

$$每\ 100\ 毫升血清中蛋白质的含量（g\ \%）=\frac{A_{样}}{A_{标}}\times 0.2\text{mg}\times\frac{100\text{ml}\times 500}{1000}\quad\frac{A_{样}}{A_{标}}\times 2$$

【注意事项】

（1）BCA 法的试剂十分稳定，因此对时间控制不需那么严格。显色后吸光度值可在 1h 内稳定不变。

（2）抗干扰能力强，SDS，Triton X-100，4mol/L 盐酸胍，3mol/L 尿素对其均无影响。

实验三　血红蛋白与核黄素的凝胶柱色谱分离

【实验目的】　了解色谱法的概念和基本原理，掌握凝胶色谱的基本原理和操作过程。

【实验原理】　凝胶色谱是按照溶质分子的大小不同而进行分离的一种色谱技术，当溶质分子大小不同的样品溶液通过凝胶柱时，由于凝胶颗粒内部的网状结构具有分子筛作用，分子大小不同的溶质就会受到不同的阻滞作用，本实验血红蛋白分子量大，不易渗入网孔，被排阻在凝胶颗粒之外，因而所受到阻滞作用小，先流出色谱床。核黄素分子量小，能渗透到网孔的内部，洗脱流程长，因此所受到的阻滞作用大，后流出色谱床，这样就可以达到分级分离的目的。

本实验采用 Sephadex G-25 凝胶柱，分离血红蛋白和核黄素的混合溶液。

【实验材料】

1. 仪器　色谱柱（40cm×1cm）、恒流泵、铁架台、刻度试管、试管、加样滴管。

2. 试剂　①葡聚糖凝胶，Sephadex G-25；②血红蛋白及核黄素；③洗脱液：0.05mol/L pH7.3 磷酸缓冲液。

【操作步骤】

1. 凝胶处理

（1）溶涨与浮选：将凝胶放入过量的水中浸泡 6h（沸水浴中为 2h）。浸泡后搅动凝胶再静置，待凝胶沉积后，倾去上层细粒悬液，如此反复多次。

（2）平衡：将浸泡后的凝胶，用十倍量的洗脱液处理，约 1h，搅拌后继续去除上层细浮悬液。

2. 装柱 将色谱柱装好，借用重力自柱底端出口的胶皮管内通过溶液以除去柱管内和砂芯底部的气泡，待气泡排出后，使溶液在底端留至 3～5cm 高即行关闭，将处理好的凝胶在烧杯内用 2 倍的溶液搅调成悬浮液，自柱顶部沿管内壁缓缓加入柱中，待底部凝胶沉积至 1～2cm 时，打开底端出口管，随之继续添加凝胶悬液直至床体积沉积至 25cm 高度为止（操作中注意防止产生气泡与节痕）。

3. 平衡 柱装好后，使色谱床稳定 5～10min，然后打开出口用 2 倍柱床体积的洗脱液平衡，使色谱床稳定。流速为 0.5ml/min。

注意：在洗脱时，调节流速可在靠近柱的底部加一调节阀，另外在调节中务必防止流速过大以及色谱床液体流干。此外如果需要温度平衡则同时在色谱柱夹套内通入恒温冷却水。

4. 色谱床校正 为了取得良好的色谱效果，因此在色谱前需要用蓝葡聚糖 2000 对所装的色谱柱进行检查。

5. 加样与洗脱 打开平衡好的色谱柱底部出口，使柱内溶液流至床表面时关闭，用加样滴管吸取 0.5ml 样品，在距离床表面上 1mm 处沿管内壁轻轻转动加入样品，加完后，再打开底端出口使样品流至床表面。用少量洗脱液同样小心清洗表面 1～2 次，然后在柱内将洗脱液加至约 2cm 高，调好流速即开始洗脱（注意在加样和洗脱过程中防止冲坏床表面）。

6. 收集与测定 收集时可用自动分部收集器，或以手工操作分管收集约 15 管，每管接洗脱液 3ml，直至色谱柱内所有的核黄素收集完全为止

［注］：市售凝胶如需彻底处理，可在溶涨后再用 0.5mol/L NaOH-0.5mol/L NaCl 溶液在室温中浸泡半小时，但注意必须避免在酸或碱中加热。另外，用过的凝胶柱如需再生时，可用 0.1mol/LNaOH-0.5mol/L NaCl 洗涤以去掉堵住凝胶孔的杂质，然后用蒸馏水洗至中性备用。一般使用几次后就需要再生。

实验四 氨基酸的离子交换柱色谱分离

【实验目的】 掌握离子交换色谱分离物质的基本原理、操作过程及洗脱曲线的绘制。

【实验原理】 本实验采用磺酸型阳离子交换树脂（732 型）分离酸性氨基酸（天冬氨酸 Asp pI=2.97）和碱性氨基酸（赖氨酸 Lys pI=9.74）的混合液。在 pH5.3 条件下，因为低于 Lys 的 pI 值，Lys 可解离成阳离子挂在树脂上；高于 Asp 的 pI 值，则 Asp 可解离为阴粒子，不能被树脂吸附而直接流出色谱柱。在 pH 12 条件下，因高于 Lys 的 pI 值，Lys 又解离为阴离子从树脂上被交换下来，这样通过改变洗脱液的 pH 可使它们被分别洗脱而达到分离的目的。

【实验材料】

1. 器材 玻璃色谱柱：1.2cm×19cm、恒流泵、铁架台、722S 型分光光度计、刻度试管、玻璃试管、水浴锅。

2. 试剂

（1）树脂：磺酸型阳离子交换树脂（732 型）。

（2）洗脱液：①0.45mol/L pH5.3 柠檬酸缓冲液：取 285g 柠檬酸（$C_6O_7H_8 \cdot H_2O$）、186g NaOH、105ml 浓盐酸溶于水并稀释至 10 L。②0.01mol/L pH12 NaOH 缓冲液：取 4gNaOH 溶于 10 L 蒸馏水。

（3）样品液：0.005mol/L Asp 和 Lys 的 0.02mol/L HCl 混合溶液。

（4）显色剂：三氯化钛——茚三酮溶液：

醋酸缓冲液：水 150ml，无水醋酸钠 82g，无水醋酸 25ml，用水定容 250ml pH5.5。乙二醇甲醚 750ml，加入茚三酮 20g，三氯化钛（$TiCl_3$15%）1.7ml，用醋酸缓冲液定溶到 1 L。

【操作步骤】

1. 树脂的处理　关于市售新树脂的处理见注 1，本实验采用处理好的树脂。

2. 装柱　将色谱柱垂直装好，关闭柱底出口，在柱内注入约 2cm 高 pH5.3 的柠檬酸缓冲液。将浮选后已转成钠型的树脂置于烧杯中，加进 1～2 倍体积的柠檬酸缓冲液，经抽气处理后，搅成悬浮状沿柱内壁细心地把柱灌满。倒时不要太快，以免产生泡沫。待树脂在柱底部逐渐沉积 2～3cm 高时，用吸管吸去柱内上层所出现的清液，慢慢打开柱底出口，继续加注树脂悬液，直至柱体装到 8cm 高度为止。

在装柱时要避免使柱内液体流干而使装柱失败，另外树脂悬液的温度要相对恒定（特别是对于采用高温法）。装好的柱体应该没有纹路，没有裂痕，没有气泡和柱顶表面平整而均匀，这样方可投入使用，否则要重装。

3. 平衡　柱装好后，用柠檬酸缓冲液以 24ml/hr 的流速平衡，直到流出液的 pH 与洗脱液的 pH 相同为止（用 pH 试纸检查），这大约需要 2～3 倍床体积。

4. 加样与洗脱　移去柱上的液器塞，打开柱底出口，小心使柱内液体流至柱表面时即行关闭。用加样吸管吸取 0.5ml 氨基酸混合样品溶液，沿柱壁小心地加入柱中，加样时不要过快，以免冲坏树脂表面，加样后慢慢打开柱底阀，使液面再与树脂面相齐时关闭，然后再用吸管吸取适量洗脱液清洗柱内壁四周 1～2 次。洗涤后，用缓冲液在柱内加到约 2cm 高的液层，然后调流速 0.5ml/min 即开始洗脱。

[注意]在调节流速时不要过猛，以免影响色谱行为。注意样品加样后，柱底出口处需同时放置刻度试管，收集流出的洗脱液。

5. 收集　柱流出液可用自动分部收集器或以刻度试管人工收集按每管 3ml 先收集 4 管。

6. 改换高 pH 洗脱收集　关闭柱底阀，将管内的柠檬洗脱液更换成 pH12 NaOH 洗脱液，然后按上面同样方法继续收集 6 管。

7. 测定　[注 2]将收集的各管编号后，分别取 0.5ml 收集液于一干燥、洁净的玻璃试管中，加入 1ml pH5.3 柠檬酸洗脱缓冲液，0.5ml 茚三酮试剂，混合后在 100℃水浴中加热 25min。然后水冷却 5～10min，加 3ml60%乙醇稀释，摇匀后用 722S 型分光光度计在 570nm 处比色。测定后，以光密度为纵坐标，收集的管数或毫升数为横坐标绘制洗脱曲线。

8. 再生　对于装好的柱使用几次后需用 0.2mol/L NaOH 溶液洗脱，再用蒸馏水洗至中性后重复使用。

［**注 1**］　对于市售的干树脂处理方法为：先经水充分溶胀后，倾去上面的泥状细粒，反复洗几次直到水澄清为止，然后经浮选得到颗粒大小合适的树脂，浮选后用 4 倍量的 2mol/LHCl 和 2mol/L NaOH 依次浸洗，每次半小时，换酸或碱时要用水先将树脂洗至中性。

最后树脂应处理至溶液无黄色。这时再用 1mol/L NaOH 使树脂转成钠型（对于其他的转型要视实验和树脂的情况而定），以蒸馏水洗至中性备用。

［注 2］ 氨基酸的测定一般要求在 pH5 左右，这样在本实验中，改变 pH 后的洗脱液就不能直接进行测定。所以在第 7 步测定时要加入 1ml pH5.3 的柠檬酸缓冲液。

实验五 血清蛋白醋酸纤维薄膜电泳

【实验目的】 了解电泳分离物质的基本原理和常见的电泳方法；掌握醋酸纤维薄膜电泳的原理和操作过程。

【实验原理】 以醋酸纤维薄膜为支撑物，在 pH8.6 的缓冲液中，血清蛋白均带负电荷，在电场中向正极泳动，因血清中各种蛋白质所带电荷量、分子大小及形态的不同，使其泳动速度不同而彼此分离开来。

【实验材料】

1. 器材 电泳仪、电泳槽、镊子、醋酸纤维薄膜、培养皿、烧杯、容量瓶。

2. 试剂及配制

（1）巴比妥缓冲液（pH8.6，离子强度 0.06）：巴比妥钠 12.76g，巴比妥 1.66g 用适量的蒸馏水加热溶解，再定容至 1000ml 。

（2）氨基黑 10B 染色液：氨基黑 10B 0.5g，甲醇 50ml，冰醋酸 10ml，蒸馏水 40ml。

（3）漂洗液配法：95%乙醇 45ml，冰醋酸 5ml，蒸馏水 50ml 混匀。

【操作步骤】

1. 准备与点样

（1）将薄膜切成 2.5×8cm 的小片，漂浮于盛有巴比妥缓冲液的培养皿中，使膜条自然浸湿下沉。

（2）将充分浸透（膜上没有白色斑痕）的膜条取出，用滤纸吸去多余的缓冲液。

（3）在薄膜无光泽面（正面）的一端约 2cm 处用铅笔划一线，以标明点样位置。同时在一端边沿写上实验者的学号或姓名。

（4）用血色素吸管吸取新鲜血清 3～5μl，涂于载玻片末端处，或用载玻片在血清上蘸一下，使载玻片下端粘上一薄层血清，然后紧按在薄膜点样线上，待血清全部透入膜内，移开载玻片。

2. 电泳 将点样后的膜条置于电泳槽架上，放置时，无光泽面（即点样面）向下，点样端置于阴极槽架上以四层滤纸作桥垫，膜条与滤纸需贴紧，待平衡 5min 后通电，电压为 110V，电流为 0.4～0.6mA/cm，通电 1 小时左右关闭电源。

3. 染色 通电完毕后用镊子将薄膜取出，直接浸于盛有氨基黑 10B 的染色液中，染 5min 取出，立即浸入盛有漂洗液的培养皿中，反复漂洗数次，直至背景漂净为止。用滤纸吸干薄膜。

4. 定量 本实验不要求进行定量分析，如有需要，可采用薄层扫描仪进行扫描定量，或采用洗脱后再进行比色的方法进行定量。

【临床意义】

（1）正常值：白蛋白 57～72%；α_1 球蛋白 2%～5%；α_2 球蛋白 4%～9%；

β 球蛋白 6.5%～12%；γ 球蛋白 12%～20%。

（2）肝硬化时白蛋白显著降低，γ 球蛋白升高 2～3 倍；肾病综合征时白蛋白降低，α_2 和 β 球蛋白升高。

【注意事项】

附：迁移率是胶体颗粒的一个物理常数，可用来鉴定蛋白质等物质以及研究它们的某些理化性质。现将人血浆蛋白质的等电点，迁移率等列于表 7-5-1，供分析参考。

表 7-5-1　人血浆蛋白质的等电及迁移率

蛋白质名称	等电点	泳动度/（$cm^2 \cdot V^{-1} \cdot S^{-1}$）	分子量
清蛋白	4.88	-5.9×10^{-5}	69000
α_1-球蛋白	5.06	-5.1×10^{-5}	200000
α_2-球蛋白	5.06	-4.1×10^{-5}	300000
β-球蛋白	5.12	-2.8×10^{-5}	9000～150000
γ-球蛋白	6.85~7.50	-1.0×10^{-5}	156000～300000
纤维蛋白元	5.40	-2.1×10^{-5}	

实验六　血清蛋白聚丙烯酰胺凝胶盘状电泳

【实验目的】　掌握聚丙烯酰胺凝胶电泳的操作和基本原理：三大效应（浓缩效应、电荷效应和分子筛效应）。

【实验原理】　聚丙烯酰胺凝胶电泳的基本原理在（电泳法）总论中已作详述。

本实验利用聚烯酰胺凝胶作电泳支持物。电荷和分子大小不一的各种血清蛋白质通过浓缩效应、电荷效应、分子筛效应而被精细地分离。由于具有以上三种效应，所以此方法分离效果好，分辨率高。血清蛋白在醋酸纤维薄膜电泳仅能分出 5～7 个组分，而在聚丙烯酰胺凝胶盘状电泳中可分出 12～30 个组分。

【实验材料】

1. 器材　圆盘电泳槽、电泳仪、玻管（10×0.6cm）、长细滴管、小烧杯、橡皮塞、洗耳球、胶布、微量注射器。

2. 试剂及配制　见表 7-6-1 和表 7-6-2。

表 7-6-1　试剂配制

试剂号	名称	配制方法	pH
1	分离胶缓冲	1mol/L HCl 48.0ml　Tris　36.3g 加蒸馏水到 100ml	8.9
2	单体交胶剂	丙烯酰胺 30.0g 甲叉双丙烯酰胺 0.8g 加蒸馏水到 100ml	
3	催化剂	10%过硫酸铵（临用前配制）100mg/ml	
4	加速剂	四甲基乙二胺（TEMED）1ml 加蒸馏水稀释到 10ml	
5	浓缩胶缓冲液	1 mol/L HCl 48.0ml Tris 5.98g 加蒸馏水到 100ml	6.7
6	电极缓冲液	甘氨酸 28.8g　Tris 6.0g 加蒸馏水至 100ml 临用前按 1∶10 比例稀释	8.3
7	示踪染料溶液	溴酚蓝 0.05g 加蒸馏水溶解至 100ml	
8	固定染色液	考马斯亮蓝 G_{250}10mg 无水乙醇 4.7ml 磷酸 8.5ml 定容到 100 ml	

表 7-6-2 凝胶溶液配制表

试剂	分离胶溶液（ml）	浓缩胶溶液（ml）
1 号	1.25	—
2 号	2.5	1
5 号	—	1.25
蒸馏水	6.05	7.35
3 号	0.05	0.1
4 号	0.15（1∶10 稀释液）	0.3（1∶10 稀释液）
总体积（ml）	10	10
浓度（g%）	7.7	3.0

附注：凝胶聚合速度受温度影响较大，温度低时，聚合速度减慢，需适当调整 3 号及 4 号试剂的用量，达到在 30min 左右聚合。

【操作步骤】

1. 凝胶柱的制备

（1）取已准备好的 10×0.6cm 的玻管，从一端（起始端）量至 7cm 处，用标记笔划线。起始端用胶布包封好后，插入橡皮塞中，垂直放好。

（2）分离胶的制备

1）按分离胶配制表将 1 号、2 号试剂和蒸馏水加入一小烧杯中，混合后，再加入 3 号和 4 号试剂，混匀后即成为分离胶溶液（此溶液约在半小时内聚合为聚丙烯酰胺凝胶，故应尽快操作）。

2）用长细滴管吸取分离胶溶液，将其沿玻管管壁注入玻管，直至 7cm 划线平面。

3）用长细滴管吸取蒸馏水，沿管壁在分离胶的液面上加注 0.5cm 高的水层。加水时必须缓慢细流，尽量减少胶液表面的振动与混合（加注水层是为了使凝胶聚合后的表面平整而不致出现弯月形，并能使凝胶与空气隔绝）。

4）将灌注好的凝胶管静置 1h，以进行聚合反应。在聚合过程中，起初凝胶与水层的界面逐渐消失，待胶体形成后，其界面又将重新可辨。这一现象可用来观察判断凝胶的聚合是否完成。

（3）浓缩胶的制备

1）用滴管和滤纸小心地吸去已聚合好的分离胶胶面上的水液。

2）按浓缩胶配制表将 2 号、5 号试剂和蒸馏水加入另一小烧杯中，混合后，再加入 3 号和 4 号试剂，混匀后即成为浓缩胶溶液。

3）用长细滴管吸取浓缩胶溶液，在分离胶胶面上沿玻管壁小心地注入 0.5～1cm 高的胶液。然后同样沿玻管壁缓慢细流地加入 0.5cm 高的蒸馏水。静置一小时后即可使用。

在加样之前先用滴管或滤纸小心地吸去浓缩胶胶面上的水液。

2. 加样 用 50μl 的微量注射器，取 12μl 血清，加 12μl 的 40%蔗糖溶液（1∶1 稀释），再加入 40μl 0.05%溴酚蓝指示剂，混匀。每管中加入该混合液 20μl。每管实际加入纯血清约 4μl，含蛋白质约 248μg（血清蛋白质含量为 6.2g/100ml 血清）。

3. 电泳

（1）去掉玻管下端的橡皮塞和胶布，将加样完毕的凝胶管上端垂直插入上电极槽底板的橡胶塞孔中。

（2）先用长细滴管吸取电极缓冲液，在已插好的凝胶管样品液面上，小心地逐管加满电极缓冲液。然后将电极缓冲液慢慢地倒入上、下电极槽中。注意排除凝胶管的上、下管口内留有气泡，否则会影响导电。电极缓冲液的加入量，上槽以电极能完全浸入为宜，下槽以凝胶管浸入 3/5 为宜。

（3）将上槽的电极接电泳仪的负极，下槽的电极接电泳仪的正极。先调节电流为 1mA/管，待示踪染料进入分离胶后，再调节电流为 2～3mA/管。待示踪染料迁移至距管下口 0.5cm 时，切断电源，电泳完毕。

4. 剥胶 取下凝胶管，用带 10cm 长针头的注射器吸取蒸馏水作润滑液。将针头小心插入管壁与胶柱之间，一边注水，一边使针头紧贴管壁慢慢呈螺旋式前进。如果一头不行，再在另一头按同样的方法剥离，直至胶柱与管壁分开，从玻管中滑出。如胶柱不能滑出，可用洗耳球从一端加压吹出。

5. 固定、染色及漂洗 将剥出的胶柱浸入 8 号试剂 60℃水浴 30~60min，进行染色，然后用清水冲洗掉多余的染料。结果参考图 7-6-1。

【注意事项】

（1）丙烯酰胺和甲叉双丙烯胺是神经性毒剂，并对皮肤有刺激作用，注意避免直接接触。大量操作时应在通风橱中进行。

（2）丙烯酰胺和甲叉双丙烯酰胺溶液应装在棕色瓶中，置冰箱内（4℃）保存。可贮存 1～2 月。测定 pH（4.9～5.2）可检查其是否失效。失效液不能聚合。

（3）TEMED 要密封保存，过硫酸铵溶液最好当天配制，以防止氧化失效。

（4）凝胶的聚合速度与温度关系很大，必须根据实验时的温度调整 3 号、4 号试剂的用量，以使凝胶在 30min 内聚合。

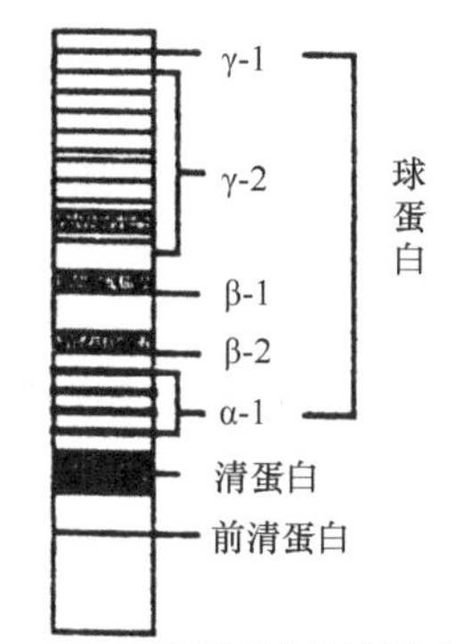

图 7-6-1 聚丙烯酰胺凝胶电泳蛋白质区带分布图

实验七 过氧化氢酶 K_m 值的测定

【实验目的】 掌握 K_m 的测定方法。

【实验原理】 米-曼方程 $V=\dfrac{V_{max}[S]}{K_m+[S]}$ 中 K_m 称为米-曼常数，K_m 是反应速度等于最大速度的一半时底物的浓度。K_m 是酶的特征性常数，测定 K_m 是研究酶的一种重要方法。大多数酶的 K_m 值在 10^{-3}～10^{-4}M 左右，Hanes 根据米-曼方程推导出如下方程式：

$$\frac{[S]}{v}=\frac{[S]}{V_{max}}+\frac{K_m}{V_{max}}$$

当 $\dfrac{[S]}{v}=0$ 则 $\dfrac{[S]}{v}+\dfrac{K_m}{V_{max}}=0$ 即 $S=-K_m$

以不同的底物浓度（S）为横坐标，$\dfrac{S}{v}$ 为纵坐标，将各连成一直线，并向纵轴方向延长，此线在横轴上的截距即为米-曼常数（K_m），如图 7-7-1。

本实验以红细胞的过氧化氢酶为例。

$$2H_2O_2 \xrightarrow{\text{过氧化氢酶}} 2H_2O+O_2\uparrow$$

$$2KMnO_4+5H_2O_2+3H_2SO_4 \longrightarrow 2MnSO_4+K_2SO_4+5O_2+8H_2O$$

H_2O_2 被过氧化氢酶分解为 H_2O 和 O_2，剩余 H_2O_2 用 $KMnO_4$ 在酸性溶液中滴定。底物为已知不同浓度 H_2O_2，用 $KMnO_4$ 滴定可求出反应前后 H_2O_2 摩尔数的变化即反应速度，作图可求出过氧化氢酶的米-曼常数 K_m 值。

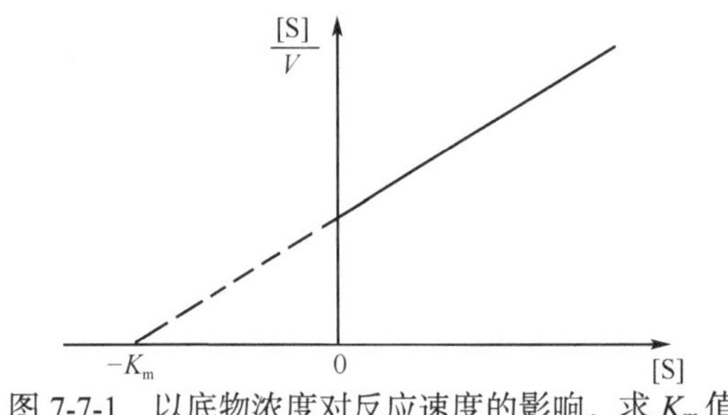

图 7-7-1 以底物浓度对反应速度的影响，求 K_m 值

【实验材料】

1. 主要器材 移液管、锥形瓶、容量瓶。

2. 试剂及配制

（1）0.002mol/L $KMnO_4$ 溶液：0.02mol/L $KMnO_4$ 储存液——称取纯 $KMnO_4$ 3.4g，溶于 1000ml 蒸馏水中，加热搅拌，待固体全部溶解，用表面皿盖好，在低于沸点的温度加热数小时，冷却并放置过夜，再用玻璃丝过滤，置于棕色瓶内保存。此液约为 0.02mol/L。

临用前，吸取上述约 0.02mol/L $KMnO_4$ 20.0ml 于锥形瓶中，加入 H_2SO_4（浓）1ml 于 70℃用标准 0.1 mol/L 草酸钠溶液标定，根据标定结果，将 $KMnO_4$ 稀释成 0.002mol/L。每次配制，都必须重新标定储存液（0.1 mol/L 草酸钠溶液的配制：将纯草酸钠先置于 100～105℃烘 12h，冷却后准确称取 0.67g，溶解后倒入 100ml 容量瓶中，加入浓 H_2SO_4 5ml，再加蒸馏水至刻度，充分摇匀。）。

（2）0.04mol/L H_2O_2 溶液：吸取 30% H_2O_2 23ml 于 1000ml 容量瓶中，加蒸馏水至刻度，其浓度约 0.2mol/L，临用前以 0.02mol/L 标准 $KMnO_4$ 溶液标定，再按标定的浓度稀释至 0.04mol/L，此溶液放置如超过三天，必须重配。

（3）0.2mol/L pH7.0 磷酸盐缓冲液：0.2mol/L NaH_2PO_4 390ml 和 0.2mol/L Na_2HPO_4 610ml 混合而成。

（4）25%硫酸。

【操作步骤】

1. H_2O_2 浓度的标定 取清洁小锥形瓶两只，每瓶均加浓度大约 0.04mol/L 的 H_2O_2 溶液 2.0ml 和 25% H_2SO_4 2.0ml，分别用 0.002mol/L $KMnO_4$ 滴至微红色，记录滴定的 ml 数，取平均值，计算 H_2O_2 准确的摩尔浓度。

2. 血液的稀释（1∶2000） 吸取新鲜血液（或等体积 0.9% NaCl 悬浮的血球）0.1ml，用蒸馏水稀释至 20.0ml，再取该 1∶200 稀释的血液 1.0ml，用 pH7.0，0.2M 磷酸盐缓冲液稀释至 10.0ml。

3. 反应的测定　取干燥的 50ml 锥形瓶 5 只，编号，按 7-7-1 表操作：

表 7-7-1　血液过氧化氢酶 K_m 值的测定操作表

编号 \ 管号	1	2	3	4	5
H_2O_2（ml）	2.5	2.0	1.5	1.0	0.5
蒸馏水（ml）	—	0.5	1.0	1.5	2.0
1∶2000 稀释血液（ml）	0.5	0.5	0.5	0.5	0.5

上述加量必须准确而迅速，加后立即摇匀。记录室温。加入血液立即计算时间，准确静置 8min，立即加 25% H_2SO_4 2ml，加入速度愈快愈好，边加边摇，使酶促反应迅速中止。最后用标准 0.002mol/L $KMnO_4$ 滴定，记录消耗 $KMnO_4$ 的 ml 数。

4. 计算并填表、作图

（1）反应瓶中 H_2O_2 浓度计算：

$$[S]=\frac{H_2O_2\text{摩尔浓度}\times\text{加入}H_2O_2\text{的ml数}}{3.0\text{ml}}=\frac{\text{加入}H_2O_2\text{的毫摩尔数}}{3\text{ml}}=(\text{mmol/ml})$$

（2）反应速度的计算（以 8min 内被消耗的 H_2O_2 毫摩尔数表示）：

V=H_2O_2 摩尔浓度×加入 H_2O_2 的 ml 数−0.002×2.5×消耗 $KMnO_4$ 的 ml 数。

=加入 H_2O_2 的毫摩尔数−剩余的 H_2O_2 毫摩尔数。

（3）求 K_m 值：以各瓶［S］为横坐标，$\frac{[S]}{V}$ 为纵坐标，按原理所述的方法作图，即可求出红细胞 H_2O_2 酶的 K_m 值。

计算举例：下面引用一次实验结果为例说明求出过氧化氢酶 K_m 的方法。

按上述方法测定，经血液红细胞过氧化氢酶作用后，0.002mol/L $KMnO_4$ 溶液滴定用量依管 1 至管 5 的顺序分别为 13.37、9.78、6.36、3.17 和 0.72ml。即可按表 7-7-2 计算各管的［S］和 V。根据 Hanes 作图法求得 K_m=0.012 mol/L。

表 7-7-2　测定过氧化氢酶 K_m 的方法

项目	1	2	3	4	5
（1）加入 H_2O_2 的 ml 数	2.50	2.00	1.50	1.00	0.50
（2）过氧化氢酶作用后 0.002mol/L $KMnO_4$ 滴定量（ml）	13.37	9.78	6.36	3.17	0.72
（3）加入的 H_2O_2 毫摩尔数（A）×0.040	0.100	0.080	0.060	0.040	0.200
（4）剩余的 H_2O_2 毫摩尔数（B）×0.002×2.5	0.06685	0.0489	0.0318	0.01585	0.0036
（5）反应速度 V：（3）−（4）	0.03315	0.0311	0.0282	0.02415	0.01964
（6）底物浓度［S］：（3）÷3	0.0335	0.0268	0.0202	0.0134	0.0067
（7）$\frac{[S]}{V}$：（6）÷（5）	1	0.86	0.72	0.55	0.34

实验八　酶的竞争性抑制作用（琥珀酸脱氢酶）

【实验目的】　掌握酶活性抑制作用的类型，竞争性抑制作用的机制及动力学特征。

【实验原理】 在化学结构上与底物类似的抑制剂，能与底物竞争酶分子活性中心的结合部位，从而抑制酶的活性。其抑制的程度随抑制剂与底物两者浓度的比例而定。如果底物浓度不变，酶活性的抑制程度随抑制剂的浓度增加而增加。反之，若抑制剂的浓度不变则酶活性随底物浓度的增加而逐渐恢复，这种类型的抑制称之为竞争性抑制。

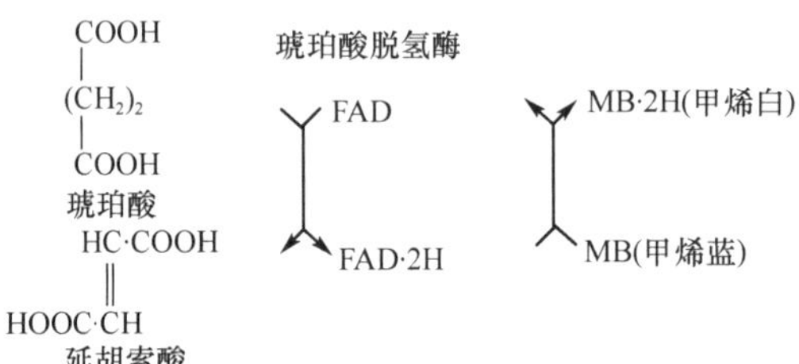

草酸、丙二酸等与琥珀酸的结构相似，能竞争性抑制琥珀酸脱氢酶的活性。琥珀酸脱氢酶属于黄素脱氢酶，其作用是催化琥珀酸（即丁二酸）脱氢氧化成延胡索酸（即反丁烯二酸）。在生理情况下，脱下的氢可经呼吸链的传递，最后与氧结合成水，并释放出能量。但在体外甲烯蓝（蓝色）可作为氢受体，接受琥珀酸脱下的氢而被还原成甲烯白（白色）。借其颜色的消退可鉴定琥珀酸脱氢酶的作用，且可通过其颜色消退的快慢来观察该酶活性的抑制程度。根据这一原理，本实验观察草酸对琥珀酸脱氢酶活性的影响。

【实验材料】

1. 器材 移液管、加样器、离心管、试管、水浴锅、剪刀、镊子、小白鼠、匀浆器、离心机。

2. 试剂 ① pH7.4 磷酸缓冲液；②0.25%琥珀酸钠溶液；③ 5%草酸钠溶液；④0.01%甲烯蓝溶液；⑤蒸馏水。

【操作步骤】

1. 肝糜液的制备 取小白鼠一只，断头处死，立即剖腹将肝脏全部取出，剪碎，置于匀浆器中，加入 pH7.4 的磷酸缓冲液 4ml，匀浆至无组织块。匀浆液倒入离心管中，补加 3ml 磷酸缓冲液，离心约 2min（3000 r/min），将上清液倒于另一试管中备用。此即为含有琥珀酸脱氧酶的肝糜液。

2. 操作 另取中试管 5 支，标号，按表 7-8-1 操作。

表 7-8-1 酶的竞争性抑制作用测定表

试剂＼管号	1	2	3	4	5
0.25%琥珀酸钠液（ml）	0.5	—	0.5	2	0.5
5%草酸钠液（ml）	—	0.5	0.5	0.5	2
蒸馏水（ml）	2	2	1.5	—	—
肝糜液（ml）	1	1	1	1	1
甲烯蓝（ml）	5 滴	5 滴	5 滴	5 滴	5 滴

摇匀，静置于 37℃的水浴中（此后勿再摇动!!），注意观察各管之颜色变化，并记录各管颜色消退的顺序和时间，并分析之。

实验九　四氯化碳对小鼠肝脏的损伤

（血清转氨酶活性的测定）

【实验目的】 掌握酶活性测定的原理，GPT 活性测定的临床意义，了解四氯化碳对小鼠肝功能的影响。

【实验原理】 酶的活性即酶的催化效能，在一定条件下酶活性的高低可以代表酶的含量的多少，故酶活性的测定也即相当于酶含量的测定。

酶的活性通常是在一定条件下（最适温度、最适的 pH、必要的激动剂等），一定的时间内，测定该酶所催化的反应系统中底物的消耗量或产物的生成量来确定的。

血清谷丙转氨酶以丙氨酸和 α 酮戊二酸为底物，催化生成丙酮酸，而丙酮酸则可与 2，4 二硝基苯肼作用，生成丙酮酸 2，4 二硝基苯腙，后者在碱性溶液中呈棕色，在 520nm 比色时，α 酮戊二酸二硝基苯腙之光吸收远较丙酮酸二硝基苯腙为低。在反应后，α 酮戊二酸减少而丙酮酸增加，故 520nm 处光密度增加之程度与反应体系中丙酮酸与 α 酮戊二酸之摩尔比例呈线性关系。

一般临床上用以测定 SGPT 活性的方法有改良的穆氏法、金氏法及赖氏法，这些方法都是基于上述原理而设计的，操作也基本相同，只是这些实验的某些条件、活性单位的规定和计算有所差异。改良的穆氏法（Mohun）规定血清在 37℃（pH7.4）的条件下，与底物作用 30min 后，每生成 2.5μg 丙酮酸为一个转氨酶活性单位。

金氏法（King）则规定在同上条件下，与底物作用 60min 后，每生成 1μM 丙酮酸为一个转氨酶活性单位。

赖氏法（Reitman）本身并未对转氨酶活性单位提出规定，他是用卡门法（Karman）来定单位的。卡门法是用 1ml 血清，反应溶液总量为 3ml，在 340nm 波长下，用内径为 1.0cm 的比色皿，25℃ 1min 内所产生的丙酮酸，在乳酸脱氢酶作用下，使 NADH+H+变成 NAD+，而引起光密度下降 0.001 为 1 个转氨酶活性单位。而赖氏法则是用卡门法所测出的单位数相当于赖氏法所生成的丙酮酸量的相关系数，套用卡门单位而来。由此可见测定同一份血清的转氨酶活性，用不同的方法测算，其值不一样。因而它们的正常值范围也可有显著差异。

赖氏法：SGPT 的正常值在 40 单位以下。

金氏法：SGPT 91±35.8 单位；

改良穆氏法：SGPT 2～40 单位；

以上均以每 100ml 血清计；

目前国内多采用赖氏法。本实验即采用此法。

【实验材料】

1. 器材 小白鼠、水浴锅、722S 型分光光度计、移液管、加样器、试管、1ml 注射器、眼科镊、EP 管、台式离心机。

2. 试剂及配制

（1）0.1mol/L 磷酸盐缓冲液（pH7.4）：称取磷酸氢二钠（Na_2HPO_4）13.97g 及磷酸二氢钾（KH_2PO_4）2.69g 溶解于 1000ml 蒸馏水中。

（2）SGPT 底物：称 DL-丙氨酸 1.79g，α-酮戊二酸 29.2mg 置于烧瓶内，加 0.1mol/L 磷酸缓冲液（pH7.4）约 80ml 煮沸溶解后，待冷，用 1mol/L NaOH 调整 pH 至 7.4（约加 0.1ml），再加缓冲液至 100ml，可分装成安瓿煮沸消毒半小时，此液可保存一年（亦可加少量氯仿在冰箱中可保存数周）。

（3）枸橼酸苯胺溶液：取枸橼酸 50g 溶于 50ml 蒸馏水中备用，用前取枸橼酸溶液与等量体积苯胺混合即成。

（4）2,4 二硝基苯肼溶液：称取 2,4 二硝基苯肼 20mg 溶于 1mol/L HCl 中。加热溶解后，用 1mol/L HCl 稀释至 100ml。

（5）0.4mol/L NaOH 溶液。

（6）丙酮酸标准溶液（1ml 含 2 微克分子）：纯丙酮酸钠 22mg 溶于 0.1mol/L 磷酸盐缓冲液中，溶解后用磷酸盐缓冲液定容至 100ml。此液需在临用前配制。

（7）20%四氯化碳：四氯化碳 20ml，溶于植物油并定量至 100ml。

【操作步骤】

1. 标准曲线绘制 取试管 6 支按表 7-9-1 操作。

表 7-9-1 绘制标准曲线

管号 试剂	对照	1	2	3	4	5
丙酮酸标准液（1 毫升 2 微摩尔）	0	0.05	0.10	0.15	0.20	0.25
SGPT 底物	0.50	0.45	0.40	0.35	0.30	0.25
0.1M 磷酸盐缓冲液 pH7.4	0.1	0.1	0.1	0.1	0.1	0.1
相当于谷丙转氨酶单位	0	28	57	97	150	200

置 37℃水浴 30min，各管加 2.4 二硝基苯肼液 0.5ml，混匀，再在 37℃水浴中放置 20min，各管加 0.4mol/L 氢氧化钠溶液 5ml，混匀，10min 后，从水浴箱中取出，以蒸馏水调“零”点，用 520nm 波长比色，读取各管之光密度，各管之光密度均减去对照管之光密度，然后以光密度为纵坐标，各管相应的转氨酶单位为横坐标。绘制成标准曲线。

2. 小鼠眼眶采血及肝损伤模型的建立 3 只小鼠：一只眼眶采血约 0.5ml 备用，另外两只分别腹腔注射 A、B 号试剂 100μl，4h 后眼眶取血约 0.5ml，10000rpm 离心 10min，取上清，测 GPT 活性。

3. GPT 活性测定 按表 7-9-2 加样，进行酶促反应，注意反应时间和温度。

表 7-9-2 酶促反应测定 GPT 活性

项目	未处理组		A 号		B 号	
	对照	测定	对照	测定	对照	测定
血清	40 μl	40 μl	40 μl	40 μl	40 μl	40μl
SGPT 底物		500μl		500μl		500μl
置 37℃水浴 30min						
2，4 二硝基苯肼	500μl	500μl	500μl	500μl	500μl	500μl
置 37℃水浴 20min						
SGPT 底物	500μl		500μl		500μl	
0.4M NaOH	5.0ml	5.0ml	5.0ml	5.0ml	5.0ml	5.0ml

静置10min后，用520nm波长比色，各组均以对照管调节零点，读取测定管光密度，由标准曲线查找转氨酶活力单位。根据实验结果评判A、B试剂的毒性作用。

【临床意义】 谷丙转氨酶广泛存在于机体的各种组织中，但以肝脏含量最为丰富。正常人血清中此酶活性甚低，由本实验方法测定的人体SGPT正常值应在40单位以下。当肝脏有病变，特别是急性肝炎及中毒性肝细胞坏死时，血清中谷丙转氨酶活性显著增高。在肝癌、肝癌化及胆道疾患时，此酶活性也可中度或轻度的增高。另外，其他脏器或组织的疾病，如心肌梗死时，也可见血清谷丙转氨酶活性的上升。

【附注】

（1）不同血清对照管光密度基本相同，因此同一批标本只做2～3个血清对照管求其平均值即可。亦可作空白管来代替对照管。但脂血，溶血，黄疸血应单独做对照管。

（2）SGPT超过200单位时，应将血清稀释后再进行测定，结果乘以稀释倍数。

（3）酶的活力测定与温度、时间影响很大，因此应严重控制温度和注意掌握时间。

（4）血清标本不应溶血，且最好在采血之当日进行测定，如不能当日操作者，可储于冰箱4℃中1～2天。

（5）*DL*型丙氨酸，如改用*L*型丙氨酸，可减半量（因转氨酶只作用于*L*型丙氨酸）。

（6）光密度与丙酮酸的标准曲线成抛物线，是因为除丙酮酸与2,4二硝基苯肼在碱性溶液中能生成苯腙外，α-酮戊二酸亦能与2,4二硝基苯肼产生苯腙。这是本实验方法的缺点。

实验十　血清总胆固醇的测定

【实验目的】 掌握胆固醇在体内的运输形式及代谢过程，了解胆固醇测定的方法和临床意义。

【实验原理】 检测血清中总胆固醇的含量，主要用于辅助诊断高脂血症，胆固醇的含量和动脉粥样硬化有一定的关联。胆固醇在血液中有两种存在形式：游离胆固醇和胆固醇酯。血清总胆固醇含量的测定应包含两种形式的胆固醇。测定的原理如下：酯化的胆固醇经胆固醇酯酶水解成游离脂肪和游离胆固醇，后者经胆固醇氧化酶氧化产生H_2O_2，H_2O_2与4-氨基安替吡啉和2-羟基-3，5-二氯苯磺酸（DHBS）反应生成醌亚胺。醌亚胺在520nm有最大吸收，反应后溶液的颜色与总胆固醇含量呈正比。

【实验材料】

1. 器材　试管、722S型分光光度计、水浴锅、加样器。

2. 试剂

（1）总胆固醇测定试剂盒：胆固醇酯酶（CE），胆固醇氧化酶（CO），过氧化物酶（POD），4-氨基安替吡啉（4-AAP），2-羟基-3,5-二氯苯磺酸（DHBS）。

（2）血清。

（3）胆固醇标准液。

【操作步骤】

取3只试管，按表7-10-1加样。

表 7-10-1 血清总胆固醇测定

试剂 \ 管号	空白管	标准管	样品管
蒸馏水	0.01ml		
标准液		0.01ml	
样品			0.01ml
工作液	1.0ml	1.0ml	1.0ml

分别混匀，37℃反应时间 10min，波长 520nm，以空白管调零，读 $A_{样}$及 $A_{标}$

计算

$$总胆固醇浓度=\frac{A_{样}}{A_{标}}\times标准浓度（mmol/L 或 mg/dl）$$

正常值：

中老年人合适水平<5.17mmol/L（200mg/d1）

临界值 5. 17～6. 47mmol/L（200～250mg/d1）

高胆固醇血症>6. 47mmol/L（250rug/d1）

【注意事项】

（1）样品中胆固醇含量过高，可用生理盐水稀释。

（2）样本要求：样本为血清或抗凝血（用肝素，EDTA 作凝血剂，不能用草酸盐或氟化物做抗凝剂）。

（3）试剂盒应在 2～8℃条件下贮存。

（4）试剂盒内含叠氮钠，应避免直接接触皮肤和眼睛。

实验十一 回收试验（尿素氮的回收）

【实验目的】 实验操作考试，要求学生正确使用加样器、移液管和比色计。

【实验原理】 判断一个实验方法的价值，应当从其实用性与可靠性两方面来考虑。前者包括快速、微量、费用低、仪器试剂易得、操作方法容易并安全、适于推广应用等。后者包括准确度、精密度、特异性及灵敏度等。

准确度：指测定值与真实值的符合程度。它包括①测定样品的线性关系；②进行回收试验测定其回收率两个方面。

于试样（如血清）中加入已知量的欲测物质，进而选用一定的方法测定其比原试样中该欲测物质增多的量，由此增量计算相当于加入量的百分率，借此了解实际测定量与理论数值之间的误差，从而验证测定方法全过程的准确性。

回收率的计算：

设：测得试样中欲测物的含量为 A

测得加有已知量的试样中欲测物质的总量为 B

欲测物质的加入量为 C

则：

$$回收率=\frac{B-A}{C}\times100\%$$

用一般的化学测定方法，其回收率一般应在 95%～105%之间，即回收率的误差不应超过±5%，否则，则说明实验方法的准确性不够，不能用于实际测定。只有当实验方法的准确性达到上述要求时，才可将该法直接用于实验测定。

尿素氮测定的原理　血清中的尿素，在尿素氮试剂中与二乙酰单肟共煮后，可生成一红色化合物，与同样处理的尿素标准液比色，可测算出血清中尿素氮的含量。正常血清中尿素氮的含量在 8～20mg%。

机体组织蛋白质不断地分解成氨基酸，氨基酸进行分解成 α 酮酸及氨，所产生之氨主要通过肝脏的作用合成尿素，经肾脏排出。当各种原因引起肾功能不全时（如肾炎、汞中毒以及循环衰竭等），均可使血清中的尿素氮含量增加，在肾衰竭尿毒症的病人，血清中尿素氮含量可显著增加至 100mg%以上。因此，血清尿素氮的测定，对肾功能的诊断具有一定的临床价值。

【实验材料】

1. 器材　硬质试管、加样器、移液管、722S 型分光光度计、水浴锅、容量瓶。

2. 试剂

（1）尿素氮试剂：取浓硫酸 44ml，85%磷酸 66ml 溶于 100ml 蒸馏水中，冷至室温，依次加入硫氨脲 50mg，溶解后再加入硫酸镉 2.0 克（$CdSO_4 \cdot 6H_2O$），溶解后，加蒸馏水定容至 1 升，此液贮于冰箱中至少可保存 6 个月。

（2）2.0%二乙酰单肟试剂：称取 20 克二乙酰单肟，加蒸馏水溶解，定容至 1 升，贮于棕色玻璃瓶内，在冰箱中至少可保存 6 个月。

（3）尿素氮标准贮存液（0.2mg/ml）：精确取尿素 42.8mg（相当于 20mg 尿素氮）溶于 50ml 蒸馏水中加氯仿 6 滴，再用蒸馏水稀释至 100ml。贮于棕色玻璃瓶内，在冰箱中至少可保存 6 个月。

（4）尿素氮标准应用液（每毫升含尿素氮 0.02mg）：取上述尿素氮标准贮存液 100ml，用蒸馏水稀至 1000ml。

【操作步骤】

操作取硬质试管 4 支，标号，按表 7-11-1 操作。

表 7-11-1　尿素氮回收测定

管号／试剂	1（空白）	2（标准）	3（样品）	4（加尿素样品）
双蒸水（ml）	0.2	0.1	0.1	—
尿素标准液（含 0.02mg/ml 尿素氮/ml）	—	0.1	—	0.1
1∶4 稀释的血清（ml）	—	—	0.1	0.1
尿素氮试剂（ml）	5.0	5.0	5.0	5.0
二乙酰单肟试剂（ml）	0.5	0.5	0.5	0.5

摇匀，置沸水浴中加热 15min，取出立即用自来水冷却 5min，540nm 波长比色，以空白管调零，记录各管光密度读数。

计算

设：原样品管的吸光度读数为 A_1，加尿素样品管的吸光读数为 A_2，尿素标准管的吸光度读数为 A_3：

"3"管尿素管氮含量（mg/dl）$=\frac{A_1}{A_3}\times0.02\times5\times100=\frac{A_1}{A_3}\times10$

"4"管尿素氮含量（mg/dl）$=\frac{A_2}{A_3}\times0.02\times5\times100=\frac{A_2}{A_3}\times10$

回收率$=\frac{A_2-A_1}{A_3}\times100\%$

实验十二　血清白蛋白、γ-球蛋白的分离纯化及鉴定

【实验目的】 通过从血清中分离、纯化、鉴定血清白蛋白和 γ-球蛋白的实验，培养学生综合运用盐析、离心、色谱、电泳、分光等手段，分离纯化特定蛋白质的技能。

【实验原理】 分离和纯化蛋白质的各种方法都是基于各种蛋白质之间不同理化性质的差异，如分子的大小和形状、等电点（pI）、溶解度、吸附性质和对其他分子的生物学亲和力。采用的程序一般分三步，预处理→粗分级→细分级。

本实验是利用盐析（粗分级）、离子交换色谱（细分级）来分离、纯化血清白蛋白和γ-球蛋白（目标蛋白）：首先用盐析进行初步分离，在半饱和硫酸铵溶液中，血清球蛋白沉淀下来，经离心后上清中主要含白蛋白。第二步用凝胶色谱法脱盐，蛋白质的相对分子质量较硫酸铵大得多，选择适宜的凝胶分级范围，依分子筛效应，除去粗分离样品中的盐。最后经离子交换色谱纯化目标蛋白，利用蛋白质的 pI、选择合适的 pH 缓冲溶液、改变溶液的离子强度、以使目标蛋白和杂蛋白分开。经脱盐的样品溶解在 0.02mol/L 醋酸铵缓冲液（pH6.5）中，加到二乙基氨基乙基（DEAE）纤维素色谱柱上，在此 pH 时，DEAE 纤维素带有正电荷，能吸附带负电荷的白蛋白（pI 为 4.9）、α-及 β-球蛋白（绝大多数 α-及β-球蛋白的 pI 均小于 6），而 γ-球蛋白（pI 约 7.3）带正电荷，不被吸附故直接流出，此时收集液即为提纯的 γ-球蛋白。提高盐浓度（用 0.06mol/L 醋酸铵），离子交换柱上的 β-球蛋白及部分 α-球蛋白可被洗脱下来。继而将盐浓度提高至 0.3mol/L 醋酸铵，则白蛋白被洗脱下来，此时收集的即为较纯的白蛋白（尚混有少量 α-球蛋白）。

收集的蛋白质可利用醋酸纤维素薄膜电泳进行纯度鉴定，利用紫外法或 BCA 法进行蛋白质含量的测定。

【实验材料】

1. 仪器设备 pH 计，容量瓶，烧瓶，细长滴管，色谱柱（1cm×15 cm、1cm×25 cm），铁架台，恒流泵，96 孔板，水浴箱，电泳仪，电泳槽，染色缸及漂洗盘等。

2. 试剂配制

（1）0.3mol/L NH_4Ac 缓冲液（pH6.5）：称取 NH_4Ac 23.13g，加蒸馏水 800ml 溶解，用 pH 计在电磁搅拌下滴入稀氨水或稀 HAc，准确调至 pH6.5，再加蒸馏水至 1000ml。

（2）0.06mol/L NH_4Ac（pH6.5）：将 0.3mol/L NH_4Ac 用蒸馏水作 5 倍稀释。

（3）0.02mol/L NH_4Ac（pH6.5）：将 0.06mol/L NH_4Ac 用蒸馏水作 3 倍稀释。

上述三种缓冲液必须准确配制，并用 pH 计准确调整 pH，用蒸馏水稀释后应再用 pH 计测试 pH。由于 NH_4Ac 是挥发性盐类，故溶液配制时不得加热，配好后必须密塞保存，以防 pH 和浓度发生改变，否则将影响所分离的蛋白质纯度。

（4）1.5 mol/L NaCl-0.3mol/L NH_4Ac：称取 NaCl 87.7g 溶于 0.3mol/L NH_4Ac（pH6.5）中并定容至 1000m1。

（5）饱和硫酸铵液：称（NH_4）$_2SO_4$ 850g 加入 1000ml 蒸馏水中，在 70～80℃水浴中搅拌促溶，室温下放置过夜，瓶底析出白色结晶，上清即为饱和硫酸铵液。

（6）20%磺基水杨酸：200g/L 磺基水杨酸。

（7）10g/L $BaCl_2$。

（8）巴比妥缓冲液（pH8.6，离子强度 0.06）：巴比妥钠 12.76g，巴比妥 1.66g 于蒸馏水中加热溶解后再加水至 1000ml。

（9）氨基黑 10B 染色液：氨基黑 10B 0.5g，甲醇 50ml，冰醋酸 10ml，蒸馏水 40ml。

（10）漂洗液：95%乙醇 45ml，冰醋酸 5ml，蒸馏水 50ml。

【操作步骤】

1. 色谱柱的准备

（1）葡聚糖凝胶 G-25 色谱柱

1）凝胶的准备称取葡聚糖凝胶 G-25（粒度 50～100 目）干胶（100ml 凝胶床需干胶 25g），按每克干胶加入蒸馏水约 50ml，轻轻摇匀，置于沸水浴中 1h 并经常摇动使气泡逸出，取出冷却。凝胶沉淀后，倾去含有细微悬浮物的上层液，加 2 倍量 0.02 mol/L NH_4Ac（pH 6.5）缓冲液混匀。静置片刻待凝胶颗粒沉降后，倾去含细微悬浮的上层液。再用 0.02mol/L NH_4Ac（pH6.5）重复处理一次。

2）装柱选用细而长色谱柱（1cm×25cm），将管垂直固定于铁架台上，管内加入少量 0.02mol/L NH_4Ac，再将经上述处理的凝胶粒悬液连续注入色谱管，直至所需凝胶床高度（20cm）。装柱时应注意凝胶粒均匀，凝胶床内不得有界面、气泡，床表面平整。装柱后，调节流速约 2ml/min，用 0.02mol/L NH_4Ac 洗涤平衡。

3）再生及保存此凝胶色谱柱可反复多次使用，每次使用完毕以后用所需的缓冲液洗涤平衡后即可再用。

（2）DEAE–纤维素色谱柱

1）酸碱处理称取 DEAE 纤维素干粉，按干重 1：10～15，浸泡于 0.5mol/L NaOH 中 30min、水洗至 pH 7.0，改用 0.5mol/L HCl 浸泡 30min、水洗至 pH 4.0，再用 0.5mol/L NaOH 浸泡 30min、水洗至 pH 7.0。

2）装柱、平衡选用短的色谱柱（1cm×15cm），将经上述酸碱处理的 DEAE 纤维素用 0.02mol/L NH_4Ac（pH 6.5）浸泡，滴入醋酸调节 pH 至 6.5，搅拌、放置 10 min 后，倾去上清液，装柱，柱床高约 6cm。装柱时应注意装得均匀，床内不得有界面、气泡，表面要平整。装柱后接上恒流泵，用 0.02 mol/L NH_4Ac 洗涤平衡。

3）再生及保存纤维素用过一次样品分离后，可用 1.5mol/L NaCl-0.3mol/L NH_4Ac 缓冲液洗脱，再用 0.02mol/L NH_4Ac 缓冲液（pH 6.5）洗涤平衡后可重复使用。多次使用后如杂质较多或流速过慢，可将纤维素倒出，先用 1.5～2 mol/L NaCl 浸泡，水洗，再如上述用酸碱处理后重新装柱。如暂不使用，应以湿态（在柱中或倒出）保存在含 1% 正丁醇的 0.02mol/L NH_4Ac 缓冲液中，以防霉变。

2. 分离、纯化

（1）盐析：取 2 份 0.5ml 血清（人或动物血清均可），边摇边缓慢滴入 0.5m1 饱和硫酸铵，混匀后室温下静置 10min，在台式高速离心机上 8000～10000r/min 离心 5min，用细长滴管小心吸出上层液（尽量全部吸出，但不得有沉淀物），2 份上清合并作为纯化白蛋白之用。2 份沉淀样品合并，共加入 0.6ml 蒸馏水，振摇使之溶解，作为纯化 γ-球蛋白用。

（2）脱盐

1）上样用经 0.02mol/L NH_4Ac 流洗平衡 G-25 色谱柱，取下恒压贮液瓶塞，使柱上的缓冲液面刚好下降到凝胶床表面。立即用细长滴管将经盐析所得的粗制蛋白质溶液小心而缓慢地加到柱床表面，使样品进入凝胶床至液面降至床表面为止。用 2ml 0.02 mol/L NH_4Ac 洗涤色谱柱壁，使其流入凝胶床内，重复 2～3 次以洗净沾在管壁上的蛋白质样品液。接上恒压贮液瓶。

2）收集继续用 0.02 mol/L NH_4Ac 洗脱，在 96 孔板凹孔中加 2 滴 20%磺基水杨酸，随时检查流出液中是否含有蛋白质，若流出液滴入凹孔接触到磺基水杨酸溶液时，衬着黑色背景观察可见白色混浊或沉淀，表示已有蛋白质流出。立即收集流出的蛋白质液体，γ-球蛋白脱盐时可连续收集 2～3 管，每管收集 10 滴；白蛋白脱盐时可连续收集 3～4 管，每管收集 15 滴（约 1 m1）。收集的各管中取 2 滴流出液于反应板凹孔内，加 1 滴 10 g/L $BaCl_2$ 检查有无 SO_4^{2-}，将无 SO_4^{2-} 且蛋白质浓度最高的管合并，有 SO_4^{2-} 的弃去。

3）平衡收取蛋白质后的凝胶色谱柱继续用 0.02mol/L NH_4Ac 流洗，用 10g/L $BaCl_2$ 检查流出液，当检查为阴性后，继续洗涤 1～2 个柱床体积。凝胶色谱柱即已再生平衡，可再次使用。

（3）纯化

1）准备将已经平衡好的 DEAE-纤维素色谱柱，取下其恒压贮液瓶塞，使柱上缓冲液面刚好下降到床表面。在反应板凹孔内每孔加 2 滴 20 %磺基水杨酸，随时准备检测流出液中是否含有蛋白质。

2）纯化 γ-球蛋白缓慢将脱盐后的 γ-球蛋白样品加到柱上，使样品进入柱床内，至液面降到床表面为止。小心用 1ml 0.02mol/L NH_4Ac 缓冲液洗涤沾在管壁上的蛋白质样品，然后使其流入柱床内，并重复一次。继续用缓冲液洗脱，并随时用 20% 磺基水杨酸检查流出液中是否含蛋白质，当见轻微白色混浊（约流出一个柱床体积），立即连续收集 3 管，每管 10 滴，此不被纤维素吸附的蛋白质即为纯化的 γ-球蛋白。取其中蛋白质浓度高的两管留作含量测定和纯度鉴定用。继续洗脱 2 个柱床体积，待纯化白蛋白。

3）纯化白蛋白脱盐后的白蛋白样品上柱后，改用 0.06mol/L NH_4Ac 缓冲液（pH6.5）洗脱，流出约 30ml（其中含 α-及 β-球蛋白）后，将柱上的缓冲液面降至与纤维素床表面平齐。然后改用 0.3mol/L NH_4Ac 缓冲液（pH6.5）洗脱，并用 20% 磺基水杨酸检查流出液是否含有蛋白质。由于纯化的白蛋白仍然结合有少量胆色素等物质，故肉眼可见色谱柱内一浅黄色的成分被 0.3 mol/L NH_4Ac 缓冲液洗脱下来，大约改用 0.3mol/L NH_4Ac 洗脱约 4m1 时，即可用 20% 磺基水杨酸检测是否有蛋白质白色混浊，如有则立即连续收集 3 管，每管 10 滴，此即为纯化的白蛋白液，取其中蛋白质浓度高的两管留作含量测定和纯度鉴定用。用过的 DEAE–纤维素色谱柱，应重新再生平衡，先用 20 ml 1.5mol/L NaCl-0.3mol/L NH_4Ac 洗脱，再用 40ml 0.02 mol/L NH_4Ac（pH6.5）洗脱平衡即可。

3. 纯度鉴定 本实验采用醋酸纤维素薄膜电泳进行纯度鉴定。

①准备与点样；②电泳；③染色，具体参见实验五。

【注意事项】

（1）准确配制 NH_4Ac 缓冲液并严格调整其 pH 至 6.5。

（2）所用血清应新鲜，无沉淀物。

（3）本实验白蛋白结果很明显，γ-球蛋白较易丢失，防止方法：一是增加血清用量（人血清 1～2 倍，动物血清 3～4 倍）；二是加样后，随时检测，有轻微乳白色沉淀，立即收集。

（4）切勿将检查蛋白质和检查 SO_4^{2-} 的试剂搞混，因二者与相应物质生成的沉淀均为白色。

（5）使用过的离子交换色谱柱必须再生、平衡。

（6）要控制好电流，电压和电泳时间。电压高、电流大、电泳快、电泳时间可以缩短，但产热多，薄膜上水分蒸发也多，严重时会使图谱短而不清晰；相反，电流、电压过小时，电泳所需时间过长，由于样品的扩散也不能获得良好的图谱。一般气温低时可用较大的电流，电压，气温高时则宜用较低电流、电压。

（7）电泳槽内缓冲液可多次使用，但次数太多可能改变其 pH，可将正负电槽内的缓冲液相互混合，恢复其原来的 pH。如电泳缓冲液受污染或其 pH、浓度发生改变，电泳将得不到满意结果，就应更换。

实验十三　碱性磷酸酶的分离纯化

【实验目的】　通过从兔肝中提取碱性磷酸酶的实验，培养学生综合运用有机溶剂沉淀、离心、色谱、分光等手段，从组织中分离纯化及鉴定特定蛋白质的技能。

【实验原理】　碱性磷酸酶（alkalinephosphatase，AKP 或 ALP，EC 3.1.3.1）是一类底物特异性较低，在碱性环境中能水解多种磷酸单酯化合物的酶，其最适 pH 范围为 8.6～10，需要镁和锰离子为激活剂。研究发现 AKP 具有磷酸基团转移活性，能将底物中的磷酸基团转移到另一个含有羟基的接受体上，如磷酸基团的接受体是水，则其作用就是水解。碱性磷酸酶主要存在于小肠黏膜、肾、骨骼、肝和胎盘等组织的细胞膜上。血清中的 AKP 主要来自肝，小部分来自骨骼。AKP 分离纯化的方法与一般蛋白质的分离纯化方法相似，常用中性盐盐析法、电泳法、色谱法，有机溶剂沉淀法等方法分离纯化。有时需多种方法配合使用，才能得到纯净的酶蛋白。

本实验利用有机溶剂分步沉淀法，从兔肝中提取碱性磷酸酶。用 30%乙醇、33%丙酮提取时，AKP 溶于 30%乙醇、33%丙酮，离心后弃沉淀以除去杂质和杂质蛋白，再改用 60%乙醇、50%丙酮提取时，AKP 不溶于 60%乙醇、50%丙酮，离心后弃上清除去杂质和杂质蛋白，获得较纯的碱性磷酸酶。

酶的比活性是指每单位重量（mg）酶蛋白样品中含的酶活性单位，随着酶蛋白逐步被纯化，其比活性随之逐步升高，因此，比活性可以用来鉴定酶的纯化程度。测定比活性时须测定每毫升样品中蛋白质的毫克数及酶的活性单位。AKP 活性测定采用磷酸苯二钠法，以磷酸苯二钠为底物，被碱性磷酸酶水解后，产生游离酚和磷酸盐，酚在碱性溶液中与 4–氨基安替吡啉作用，经铁氰化钾氧化产生红色的醌类衍生物。根据红色深浅就可测出酶的活性。AKP 蛋白含量测定采用 BCA 法。最后根据测得的酶蛋白毫克数及酶活性单位数计算出比活性，鉴定酶的纯化程度。

【实验材料】

1. 器材　匀浆器、恒温水浴箱、722S 型分光光度计、离心机、离心管、量筒、试管、玻棒、漏斗、优质滤纸。

2. 试剂配制

（1）0.5mol/L 醋酸镁溶液：称取醋酸镁 107.25g 溶于蒸馏水，稀释至 1000 ml。

（2）0.1mol/L 醋酸钠溶液：称取醋酸钠 8.2g 溶于蒸馏水中，稀释至 1000ml。

（3）0.01mol/L 醋酸镁-醋酸钠混合液：取 0.5mol/L 醋酸镁 20ml，0.1mol/L 醋酸钠 100ml，混匀后加蒸馏水稀释成 1000ml。

（4）pH8.8 Tris-醋酸镁缓冲液：称取三羟甲基氨基甲烷（Tris）12.1g，用蒸馏水溶解，并稀释至 1000ml 即成 0.1mol/L Tris 溶液。取 0.1 mol/L Tris 溶液 100 ml，加蒸馏水约 800ml，再加 0.1mol/L 醋酸镁 100ml，混匀后用 1%醋酸调节 pH 至 8.8，再用蒸馏水稀释至 1000ml 即可。

（5）复合底物液：称取磷酸苯二钠·$2H_2O$ 6g，4-氨基安替吡啉 3g，分别溶于煮沸并冷却后的蒸馏水中，两液混合并稀释至 1000ml，加入 4ml 氯仿防腐。贮存于棕色瓶内，置冰箱中保存，可用一周。临用时将此液用 0.1mol/L pH 10 碳酸盐缓冲液等量混合即可。

（6）0.1 mol/L pH 10 碳酸盐缓冲液：称取 Na_2CO_3 6.36g 及 $NaHCO_3$ 3.36g 溶于蒸馏水中并稀释至 1000ml。

（7）5 g/L 铁氰化钾液：称取铁氰化钾 5g，硼酸 15g，分别溶于 400ml 蒸馏水中，溶解后将两液混合并稀释至 1000ml。

（8）酚标准液：称取重结晶酚（或 AR 酚）1.5g 溶于 0.1mol/L HCl 中，定容至 1000ml 即成贮备液。取上述酚液 25ml 于 250ml 碘量瓶中，加 50ml 0.1mol/L NaOH 并加热至 65℃，再加入 0.1 mol/L 碘液 25ml，盖好碘量瓶塞，放置 30min 后，加浓盐酸 5ml，再加 0.1%淀粉液（新配制）作指示剂，用 0.1 mol/L 标准硫代硫酸钠滴定，每毫升 0.1mol/L 碘溶液（含碘 12.7mg）所相当的酚毫克数为：$\frac{12.7\times 94}{3\times 254}$=1.567。假设 0.1mol/L 碘液 25 ml 与 25 ml 酚液作用后剩余的碘用 $Na_2S_2O_3$ 滴定为 Xml，则 25ml 酚溶液中所含酚量为（25–X）×1.567mg，由此推算酚贮备液浓度。最后将贮备液稀释成 0.1mg/ml 应用液。

（9）蛋白标准 0.2mg/ml 称取牛血清白蛋白 20mg 溶于 9g/L NaCl 溶液，定容至 100ml。

（10）BCA 试剂：参见第二篇第七章实验二。

【操作步骤】

1. 分离纯化

（1）匀浆耳缘静脉注射空气处死家兔后，称取新鲜兔肝 2g，剪碎后，置于玻璃匀浆器中加入 0.01mol/L 醋酸镁及醋酸钠混合液 6ml，在匀浆器中匀浆 3～4min，匀浆液倒入量筒中，记录体积。取 0.1ml 于另一试管中，作为 A 液待测比活性用。

（2）提取缓慢加入 2ml 正丁醇于匀浆液中，用玻棒充分搅拌 2min，室温放置 30min，纱布过滤。滤液置于离心管中，量筒测量体积。

（3）丙酮沉淀滤液中缓慢加入等体积的冷丙酮，混匀后 3000r/min 离心 5min。将上清液倒弃，在沉淀中加入 0.5mol/L 醋酸镁 4ml，用玻棒充分搅拌使其溶解，同时记录悬液体积。取 0.1ml 于另一试管中，作为 B 液待测比活性用。

（4）分步分离于混悬的悬液中缓慢加入适量的 95%冷乙醇，使乙醇最终体积分数达 30%，混匀后立即 2000r/min 离心 5min，将上清液倒入另一离心管，弃沉淀。上清液中缓慢加入冷 95%乙醇，使乙醇最终体积分数达 60%，混匀后 3000r/min 离心 5 min，上清液倒弃，沉淀中加入 0.01 mol/L 醋酸镁-醋酸钠混合液 4ml，充分搅拌，使其完全混悬。

（5）重复上述操作，在悬液中缓慢加入冷 95%乙醇，使其最终体积分数达 30%，混匀后 2000 r/min 离心 5min，将上清液倒入新的离心管中，弃沉淀。上清液中缓慢加入 95%乙醇，使其最终体积分数达 60%，混匀后 3000r/min 离心 5min，上清液倒弃，沉淀中加入 0.5mol/L 醋酸镁 3ml 充分混悬，并记录体积，取 0.1ml 于另一试管中，作为 C 液待测比活性用。

（6）剩余悬液中缓慢加入冷丙酮，使丙酮终体积分数为 33%，混匀后 2000r/min 离心 5min，弃沉淀，上清液中缓慢加入冷丙酮，使丙酮终体积分数达 50%，混匀后 3000r/min 离心 15min，弃上清液，沉淀中加入 pH8.8 Tris-醋酸镁缓冲液 1ml，混匀后 3000r/min 离心 5min，上清液即为纯化酶液，作为 D 液用于比活性测定。

2. 碱性磷酸酶的活性测定（磷酸苯二钠法）

（1）取试管 6 支编号，按表 7-13-1 操作。

表 7-13-1　磷酸苯二钠法测定碱性磷酸酶的活性

试剂＼管号	空白	标准	A	B	C	D
各阶段稀释酶液（ml）			0.1	0.1	0.1	0.1
（0.1mg/ml）酚标准液（ml）		0.1				
pH8.8Tris-MgAc 缓冲液（ml）	0.1					
预热至 37℃复合底物液（ml）	3.0	3.0	3.0	3.0	3.0	3.0

（2）加入复合底物液后，立即混匀，在 37℃水浴中准确保温 15min。保温结束后，各管加入 0.5%铁氰化钾液 2.0ml，立即混匀以终止酶促反应，静置 15min 显色后，在 510nm 波长下比色。

（3）酶活性单位计算：在 37℃下保温 15min，产生 1 mg 酚，为该酶 1 个活性单位。故每 ml 酶液中的酶活性单位为：

$$\frac{A_{样}}{A_{标}}\times 标准管中酚含量\times 稀释倍数$$

3. 碱性磷酸酶蛋白含量测定

（1）取试管 6 支编号，按表 7-13-2 操作。

表 7-13-2　碱性磷酸酶蛋白含量测定

试剂＼管号	空白	标准	A	B	C	D
各阶段稀释酶液（ml）			0.1	0.1	0.1	0.1
pH8.8 Tris-MgAc 缓冲液（ml）	0.1					
蛋白质标准液（ml）		0.1				
BCA 试剂（ml）	1.5	1.5	1.5	1.5	1.5	1.5

混匀后 37℃水浴 30min，取出后 1h 内在 562nm 波长比色，计算蛋白质浓度。

（2）蛋白质含量计算

$$\frac{A_{样}}{A_{标}} \times 标准管蛋白含量 \times 稀释倍数$$

4. 比活性计算

$$碱性磷酸酶比活性 = \frac{每毫升样品的酶活性单位}{每毫升样品的蛋白毫克数}$$

5. 计算 出各阶段 AKP 的纯化倍数及得率（表 7-13-3）。

表 7-13-3 计算纯化倍数及得率

分离阶段	体积	蛋白质（mg/ml）	酶活性（U/ml）	比活性（U/mg）	纯化倍数	得率
A						
B						
C						
D						

【注意事项】

（1）有机溶剂必须预先冷冻。

（2）提取过程中有机溶剂终浓度应计算正确，加量准确。

（3）分清实验过程中每次离心后保留的是上清液，还是沉淀。

（4）碱性磷酸酶分离纯化获得不同纯度的 A、B、C、D 待测液，用 pH8.8 Tris-醋酸镁缓冲液稀释时比例不同。A 液活性检测稀释 25 倍、含量测定稀释 50 倍；B 活性检测稀释 10 倍、含量测定稀释 20 倍；C 液活性和含量检测稀释 5 倍，D 液不稀释，如 D 液颜色过深则需适当稀释后再测定。

实验十四 双向电泳

【实验目的】 学习和掌握双向电泳的基本原理和实验技术，为蛋白质组学的研究奠定基础。

【实验原理】 双向凝胶电泳是由等电聚焦电泳（isoelectric focusing，IEF）和变性聚丙烯酰胺凝胶电泳（SDS-PAGE）组合而成的用于分离蛋白质的二维电泳。它的分辨率极高可达 1000～3000 点，称为“蛋白爆炸”，是蛋白质组研究的关键开门技术。

IEF/SDS-PAGE 双向电泳是 1975 年 O’Farrall 等人根据不同组分之间的等电点差异和分子量差异建立的 IEF/SDS-PAGE 双向电泳。其中 IEF 电泳（管柱状）为第一向，SDS-PAGE 为第二向（平板）。在进行第一向 IEF 电泳时，电泳体系中应加入高浓度尿素、适量非离子型去污剂 NP-40。蛋白质样品中除含有这两种物质外还应有二硫苏糖醇以促使蛋白质变性和肽链舒展。IEF 电泳结束后，将圆柱形凝胶在 SDS-PAGE 所应用的样品处理液（内含 SDS、β-巯基乙醇）中振荡平衡，然后包埋在 SDS-PAGE 的凝胶板上端，即可进行第二向电泳。IEF/SDS-PAGE 双向电泳对蛋白质（包括核糖体蛋白、组蛋白等）的分离是极为精细的，因此特别适合于分离细菌或细胞中复杂的蛋白质组分。

【实验材料】

1. 仪器设备与器皿　双向电泳仪、双向电泳槽、匀浆器、台式低温高速离心机、分光光度计、烧杯、刻度吸管、玻璃棒、100μl 进样器、三角烧瓶、注射器、塑料胶布、Ep 管、Tip 头、平衡管、微量加样器、记号笔、单刃刀片。

2. 试剂及配制

（1）IEF 系统：①尿素（超纯级）；②28.38%丙烯酰胺 1.62%甲叉双丙烯酰胺；③Ampholine 两性电解质 pH4-9；④10%NP-40；⑤10%过硫酸铵；⑥ TEMED；⑦上槽电极液 0.02 mol/L NaOH；⑧下槽电极液 0.01 mol/L H_3PO_4；⑨尿素增溶液（9.5 mol/L 尿素 2%NP-40 5% 2-巯基乙醇 2%两性电解质 pH4-9 另加少许溴酚蓝）；⑩平衡缓冲液（60mM/L Tris-HCl pH6.8 2%SDS 1%DTT 10%甘油另加少许溴酚蓝）。

（2）SDS-PAGE 系统：①30%丙烯酰胺 0.8%甲叉双丙烯酰胺；②分离胶缓冲储备液（3 mol/L Tris-HCl pH8.8）；③10%SDS；④1.5%过硫酸铵；⑤TEMED；⑥电极缓冲液（0.25mol/L Tris 1.92mol/L 甘氨酸 1%SDS pH8.3）；⑦1%热琼脂糖（用电极缓冲液配制）。

（3）样品制备系统　10%三氯醋酸（溶于丙酮，含 0.1%DTT）。

（4）银染系统：①固定液：500ml 乙醇 100ml 冰醋酸 400ml 蒸馏水；②浸泡液：75ml 乙醇 17g 醋酸钠 1.25ml 25%戊二醛（新鲜配制）0.5g 硫代硫酸钠·$5H_2O$；③银染液：0.25g 硝酸银 50μl 甲醛（新鲜配制）用蒸馏水加至 250ml；④显色液：6.25g 碳酸钠 25μl 甲醛（新鲜配制）用蒸馏水加至 250ml；⑤终止液：3.65gEDTA-$Na_2 \cdot 2H_2O$ 用蒸馏水加至 250ml；⑥保存液：25ml 87%甘油用蒸馏水加至 250ml。

【操作步骤】

1. 样品处理部分

（1）鼠处死后，迅速取出肝脏，用预冷的蒸馏水洗去血渍。

（2）按 5 倍体积加入预冷的 10%三氯醋酸（溶于丙酮，含 0.1%DTT），冰水浴中匀浆。

（3）–20℃放置 1h 后 40 000*g* 离心 30min。

（4）蛋白质沉淀用含 0.1%DTT 的丙酮溶液漂洗两次去除残留三氯醋酸。

（5）加入适量体积的尿素增溶液充分溶解蛋白质沉淀。

（6）40 000*g* 离心 30min，取上清采用 Bradford 法定量，调节蛋白浓度约为 4mg/ml，取 150μg 蛋白样品用于双向电泳。

2. 第一向等电聚焦

（1）准备 8 根内径 1.5mm 洁净的玻璃管，在距一端 3cm 处用记号笔做好标记，另一端用医用胶布封好，并垂直放置在电泳槽上，胶布端插入电泳槽中间横板中，下端密封。

（2）用 50ml 三角烧瓶按如下方法配制等电聚焦溶液：

尿素	5.5g
28.38%丙烯酰胺 1.62%甲叉双丙烯酰胺	1.33ml
10%NP40	2ml
Ampholine pH4～9	0.5ml
H_2O	1.95ml

用玻棒充分搅拌至尿素全溶于水，不要加热使溶液温度超过 30℃，然后加入

TEMED	5μl
10%过硫酸铵	10μl

摇晃使之充分混匀。

（3）用 5ml 注射器吸取上述已配好的等电聚焦溶液分别灌注到玻璃管至画线处。

（4）室温静置 1h 以上待其充分凝固。

（5）在凝胶凝固期间进行样品的前处理。

（6）将玻璃管取出并去掉下端胶布，用上槽电极缓冲液清洗凝胶上端未凝固部分后，将上槽电极缓冲液注满玻璃管上端空间，注意防止产生气泡。

（7）用下槽电极缓冲液润湿玻璃管下端，注意防止产生气泡。

（8）将玻璃管放置电泳槽孔中，并使玻璃管上橡皮套与电泳槽上的孔套紧，多余的孔用橡皮塞堵紧。

（9）分别加入上、下槽电极缓冲液，使电极缓冲液液面盖没有凝胶，切记勿使上槽电极缓冲液漏入到下槽中。

（10）连接电源，黑色的导线（－）接于上槽电极，红色的导线（＋）接入下槽电极，在 300V 恒压下预聚焦 1h，断开电泳仪的电源。

（11）用 100μl 注射器将 30～60μl 蛋白质样品（50～150ug）穿过凝胶管上的缓冲液直接加到凝胶的表面。

（12）连接电源，400V 恒压电泳 16h，可过夜连续电泳，电泳至最终时，将电压增至 800V 恒压 1h，使区代清晰。

（13）关闭电源，结束电泳，取出玻管，用注射器水压将凝胶从玻管中挤出。

（14）将电泳后的凝胶条放入放置有平衡液的试管中平衡 1～1.5h。

（15）凝胶条可立即使用或在－70℃放置数周。

3. 第二向 SDS-PAGE

（1）用 1.5mm 垫片组装凝胶平板，夹层每边的垫片之上用夹子固定，并置于灌胶支架上。注意玻璃平板和垫片的平齐，收紧夹子以保证密封圈不发生泄漏。

（2）用热的 1%琼脂糖凝胶溶液（用电极缓冲液配制），封闭平板下端。

（3）用 100ml 烧杯，按表 7-14-1 配制凝胶溶液。

表 7-14-1 配制凝胶溶液

试剂	分离胶
丙烯酰胺－甲叉双丙烯酰胺（30：0.8）（ml）	22.5
分离胶缓冲储备液（pH8.8）（ml）	8.45
10%SDS（ml）	0.675
1.5%过硫酸铵（ml）	3.3
双蒸水（ml）	32.5
TEMED（ml）	0.03

（4）立即摇匀，将其迅速、连续地灌注在两块玻板的间隙中，加至距玻板顶部 1.5cm 处时，用带有针头的注射器小心地在凝胶上部覆盖一层双蒸水（注意勿冲击胶面），在室温下放置 30min 左右，使其完全聚合凝固。

（5）用滤纸吸出覆盖的双蒸水，在玻板的上部加 1%热的琼脂糖至顶部。

（6）待琼脂糖凝固后，将第一向 IEF 凝胶小心放置在平板凝胶的顶部，并用 1%热的琼脂糖凝胶（用未加溴酚蓝的平衡缓冲液配制）使其固定在平板凝胶的顶部。

（7）在上、下槽中加入电极缓冲液，用导线将电泳槽与电泳仪连接，上槽接负极，下槽接正极。恒压 80V 电泳至样品进入到聚丙烯酰胺凝胶后，恒压 140V 电泳至指示染料到达凝胶的底部。

（8）取下电泳玻板，小心撬开（避免弄破凝胶和玻板），取出凝胶后放置在搪瓷盘中进行银染。

4. 银染

（1）固定在固定液中至少固定 30min。

（2）浸泡在浸泡液中浸泡 30min。

（3）漂洗用蒸馏水漂洗三次，5min/次。

（4）银染在银染液中染色 20min。

（5）显色在显色液中显色 2～10min，蛋白带显示深棕色。

（6）终止在终止液中浸泡 10min。

（7）漂洗用蒸馏水漂洗三次，5min/次。

（8）保存在保存液中浸泡 30min，取出晾干。

【注意事项】

（1）制胶过程中，过硫酸铵和 TEMED 的量视聚合情况增减，聚合应在 30min 到 1h 内完成，过硫酸铵需新鲜配制。

（2）两性电解质载体的选择主要依据蛋白质样品的大概等电点范围。

（3）样品要脱盐，否则区代扭曲；要彻底溶解，杂质沉淀可用离心去除，未被溶解的颗粒易引起脱尾；加样量取决于样品中蛋白质的种类及检测方法的灵敏度，最适加样体积为 20～40μl，浓度为 1.5～3μg/μl，样品要进行预电泳。

（4）电极缓冲液应根据两性电解质 pH 范围加以选择。

（5）微量进样器、注射器、吸管等，要立即排空和冲洗，以防凝固堵塞。

（6）实验过程中，注意勿弄破、弄断凝胶、平板玻璃和玻管。

（7）本实验过程复杂，时间较长，需要注意和小心的地方较多，特别是学生实验，如有操作不清楚的地方请教指导老师，以免操作错误，无时间重复而导致失败。

（8）实验器材较多，结束后认真清洗并放回原位。

（刘 琳 孙 军 章 洁）

第三篇　分子生物学技术基本理论

第八章　重组 DNA 技术

重组 DNA 技术（recombinant DNA technology），又被称为基因克隆（gene cloning）技术或分子克隆（molecular cloning）技术。即在体外将不同来源的两个或两个以上 DNA 片段剪接在一起，形成新的重组 DNA 分子，再将新的 DNA 分子导入宿主细胞进行扩增，并利用宿主细胞自身体系表达特定基因产物，以达到深入分析基因的结构与功能，人为改造细胞遗传及性状的目的。

重组 DNA 技术是分子生物学领域一项最基本的技术，其主要过程包括：目的基因和载体的获取、目的基因与载体的酶切、连接、重组 DNA 分子导入受体细胞、含重组 DNA 转化细胞的筛选、重组 DNA 的鉴定、进而获得单一 DNA 分子的大量拷贝。图 8-1 是以质粒为载体进行 DNA 重组的模式图。

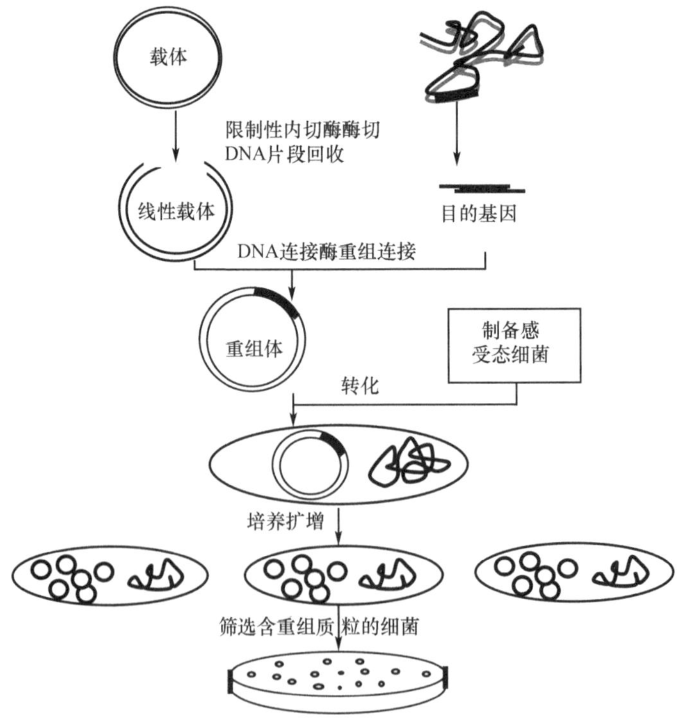

图 8-1　重组 DNA 操作示意图

第一节　目的基因的获取

目的基因（target gene）系指待检测或待研究的靶基因。获取目的基因的主要种方法有：直接从化学合成；从染色体中分离；构建基因组文库或 cDNA 文库，再从文库中筛选出目的基因；用聚合酶链反应（PCR）方法扩增出目的基因；用逆转录酶将 mRNA 逆转录生成 cDNA 等。

一、化学合成法

对已知核苷酸序列的基因，或能根据氨基酸序列推导出相应核苷酸序列的基因，可以利用 DNA 合成仪直接合成。化学合成的优点是可以人为地制造、修饰基因，在基因两端方便地设立各种接头以及选择各种宿主生物偏爱的密码子，但面临费用贵的缺点，常用于小分子肽类基因的合成。

二、直接从染色体中分离

适用于基因结构简单的原核生物，多拷贝基因。其大致过程为，对原核生物 DNA 采用机械剪切（如超声波）或限制性内切酶将 DNA 切割，经电泳或超速离心法进行分离。

三、从基因组 DNA 文库和 cDNA 文库中获取目的基因

通过分子杂交的方法从基因组 DNA 文库和 cDNA 文库中筛选出目的基因。如利用放射性核素标记的已知序列的核苷酸片段与基因组 DNA 文库或 cDNA 文库中的所有克隆进行杂交，经放射自显影筛选出阳性克隆以获得目的基因。

四、聚合酶链反应（PCR 法）

PCR 方法可以高效特异地体外扩增 DNA。对于已知序列的基因或与其同源性高的未知序列基因，该方法通过设计特异引物可以从染色体或 cDNA 模板中迅速扩增得到目的基因。PCR 扩增方法因其快速简便的优点仍得到广泛的运用。但是扩增产物 DNA 序列发生差错的概率可高达万分之二（采用 Taq DNA 聚合酶）。待扩增基因太大也会影响扩增效率。因此，实验中可采用高保真的 DNA 聚合酶减少扩增中产生的错配；采用专门用于扩增长片段 DNA 的酶来扩增较大的目的基因。PCR 技术的原理和方法请见第十章。

五、RT-PCR

对已知 mRNA 序列的基因，特别是真核基因可以采用 RT-PCR 方法进行制备。提取细胞总 RNA，经逆转录反应后，采用特异引物对逆转录产物进行 PCR 扩增，得到所需的目的基因。

第二节　载体的选择

载体（vector）是可携带目的基因并将其转入宿主细胞内进行无性繁殖或表达有意义蛋白质的 DNA 分子。目的基因通过与载体进行重组，被导入宿主细胞后，才能在宿主细胞中进行扩增和表达。载体分为克隆载体和表达载体两类。

一、克隆载体（cloning vector）

含有复制信号序列，可以在宿主细胞中复制，得到高拷贝数的 DNA 分子，但由于不含有启动子序列或者启动子序列不被宿主细胞 RNA 聚合酶识别而不能表达。常用克隆载体有质粒 DNA、噬菌体 DNA 等，主要用于目的基因在宿主细胞中的扩增。

二、表达载体（expression vector）

表达载体主要用于目的基因在宿主细胞中的表达。可分为原核表达载体和真核表达载体。

原核表达载体通常含有噬菌体的启动子，大肠杆菌的复制起始点，多克隆位点序列及抗生素抗性基因等。主要用于在原核细胞中表达外源基因。

真核表达载体含有病毒的启动子序列，可以被真核细胞的 RNA 聚合酶识别而表达。多克隆位点序列紧靠启动子后面，是目的基因插入部位。表达载体是由克隆载体发展而来的，主要用于在真核细胞中表达外源基因。对于真核表达而言，多克隆位点序列后面还含有 polyA 信号。耐药抗性基因序列可以表达抗性蛋白分解或抑制针对细菌或真核细胞的抗生素。

目前载体已经全部商品化。不同的生物公司生产不同的载体。根据实验设计的要求选择合适的载体。

第三节　分子克隆常用的工具酶

DNA 重组技术需要利用各种不同的工具酶来对 DNA 进行相应的加工处理。例如限制性核酸内切酶识别特异 DNA 序列而准确进行切割，得到完整的目的基因片段，或把环状的质粒 DNA 切割成线性的质粒 DNA 片段；DNA 连接酶则可将目的基因 DNA 片段与克隆载体片段连接在一起。本节重点介绍限制性核酸内切酶。

限制性核酸内切酶（restriction enzyme）指能够识别和切割双链 DNA 分子内特定核苷酸序列的一类蛋白酶。绝大多数来自细菌，与甲基化酶共同构成细菌的限制-修饰系统，限制外源 DNA 侵入，保护自身 DNA 不被切割，对细菌遗传性状的稳定遗传具有重要意义。根据酶的组成，所需因子及裂解 DNA 方式的不同，可将限制性核酸内切酶分为 I 型、II 型和III型。重组 DNA 技术中常用的限制性核酸内切酶主要为II型酶，它能在 DNA 双链内部识别特异位点并切割 DNA。其所识别的核苷酸序列通常为 4～6 个碱基且具有回文结构，即同一条单链以中心轴对折可形成互补的双链。不同限制性内切酶不仅识别的序列不同，而且切割DNA后产生片段的末端也是不同的，下面即为*BamH*Ⅰ识别序列，箭头处为*BamH*Ⅰ切割位点，它产生 5′突出的黏性末端。

5′-G▼GATC C-3′

3′-C CTAG▲G-5′

还有一些限制性内切酶产生具有 3′突出的黏性末端，如 *Sst*Ⅰ。

5′-GAGCT▼C-3′

3′-C▲TCGAG-5′

而另一些限制酶性内切切割 DNA 后产生平头或钝性末端，如 *Sma*Ⅰ。

5′-CCC▼GGG-3′

3′-GGG▲CCC-3′

有一些来源不同的限制性内切酶的识别位点具有相同的核苷酸序列，这类酶被称为同裂酶或异源同工酶，同裂酶切割产生相同的末端。有一些同裂菌对于切割位点上的甲基化碱基的敏感性有所差别，故可用来研究 DNA 甲基化作用，如 *Sma*Ⅰ和 *Xma*Ⅰ；*Hpa*Ⅱ和 *Msp*Ⅰ；*Mbo*Ⅰ和 *Sau* 3A 即为成对的同裂酶。与同裂酶对应的一类限制性内切酶，它们虽然来源各异，识别序列也各不相同，但都产生出相同的黏性末端，被称为同尾酶。常用的限制性内切酶 *BamH*Ⅰ、*Bgl*Ⅱ就是一组同尾酶，它们切割 DNA 之后都形成由 GATC 4 个核苷酸组成的黏性末端。显而易见，由同尾酶所产生的 DNA 片段，是能够通过其黏性末端之间的互补作用而彼此连接起来的，因此在基因克隆实验中很有用处。但必须指出，由两种同尾酶消化产生黏性末端，重组之后所形成的序列结构再不能被原来的任何一种同尾酶所识别。

第四节　限制性内切酶消化 DNA 及片段回收

目的基因和载体必须经过限制性内切酶切割，并将酶切产物纯化后，才能进行连接形成重组 DNA。

一、限制性内切酶选择和运用

构建重组 DNA 分子，必须清楚地了解目的基因和载体的酶切图谱。所选用的限制性内切酶只能在目的基因的两端有酶切位点，而在目的基因内部不能有酶切位点。这样用一种或两种限制性内切酶就能切割得到完整的目的 DNA 基因。且所选用的酶在使用的载体上也只能有单一的酶切位点，如果这些位点又正好是在载体的抗生素抗性基因上，则可利用其插入失活的特性，为后面的筛选工作带来极大的便利。

用一种限制性内切酶切割闭环载体会产生相同的黏性末端，其 3′末端的羟基与 5′末端的磷酸在连接反应中可能连接起来，产生自我环化现象。为防止线性载体的自身环化，降低非重组背景，通常需使用碱性磷酸酶去除其 5′末端的磷酸基团，脱磷后的线性载体不易自身环化，但仍能与未经脱磷的与其匹配的外源 DNA 片段的末端相连接。尽管形成的重组子上含有两个缺口（开环分子），但仍能转化细菌，并可通过菌体内的修复系统修补。但是由于目的基因片段可能会从正、反向两个方向插入到载体中，甚至会出现几个目的基因串连以后再插入载体中，因而重组效率较差，将会增加筛选正确重组子的工作量。

构建体外重组 DNA 分子时，较好的方式就是对目的基因和合适的载体同时用两种不同的限制性内切酶进行酶解（双酶切方式），产生两种不同的黏性末端或是一个黏性末端、一个平末端。由于两个末端的碱基不能相互匹配，所以目的基因和载体自身不能环化。当目的基因与载体相连接时，只有当目的基因的末端分别与载体上相应的末端匹配时，才能相互连接。由于目的基因片段只能以一个方向插入到重组体中，所以这种方式又称作为定向克隆。定向克隆正确重组的效率高，载体自我环化形成的假阳性背景低，易于筛选出正确的重组子。

二、限制性内切酶的酶切

厂商出售的各种限制性内切酶都配套有指定的酶切反应缓冲液，一般可将各种缓冲液归纳为三类，即高盐、中盐与低盐离子强度的缓冲液。在采用双酶切方式时要注意两种酶适用的缓冲液是否一致，如果一致可在同一体系内加两种酶同时酶切。如果两种酶适用的反应缓冲液的盐离子强度不相同，原则上先加低盐缓冲液和它相应的酶，电泳检查切好后，再补加 1～3μl 1mol/L NaCl（20μl 反应体积时），使 NaCl 终浓度适合另一种酶消化，并加入另一种酶继续酶切相应时间。对于单酶切质粒，为了减少在连接反应时的自我环化现象，可采用碱性磷酸酶进行 5′末端去磷酸处理：加入 2μl 10×CIP 缓冲液和 1U CIP，37℃温育 30～60min 后，75℃加热 15 min 终止反应。

绝大多数酶的反应温度是在 37℃，酶切反应时间通常为 1～3 h，有时甚至过夜（12～16 h）。一般来说，酶的纯度不佳，酶切时间不能太长。终止酶切反应时，许多酶在 65℃水浴中保温 10min 就被不可逆灭活。如 *EcoR* Ⅰ置于 65℃水浴中 10 min，就丧失 95%的酶活性，这种方法简便易行，又不损失 DNA。少数较耐温的酶，可加入终浓度为 10mmol/L 的 EDTA，EDTA 螯合了反应系统中必需的 Mg^{2+}离子，便终止了酶切反应。有时采用酚与氯仿重新抽提、乙醇沉淀 DNA 的方式终止反应，这种方法 DNA 损失较大，但 DNA 纯度高，连接效果好。

酶的来源不同质量也有差异，但因为酶保存不当而失活、酶的被污染，以及 DNA 的纯度也都直接影响酶切的质量。DNA 中混有的蛋白质、RNA、SDS、酚、氯仿、乙醇、EDTA 等杂质都影响酶切效果，产生切不动或使酶切产生星号反应的现象。使用的酶浓度太大时也会产生星号反应。DNA 中的核酸酶、蛋白（杂酶）往往随酶切时间的延长使 DNA 严重降解。DNA 的不同构型，也影响酶切效果。

一般来说酶切 0.2～5.0μg 的 DNA 时，控制反应体积为 15～20μl。可根据酶解 DNA 的数量，按比例适当放大体积。如果酶切反应总体积太大，会使 DNA 浓度与限制酶浓度稀释，分子之间难以接触，影响酶切效果，因此反应体积小些为宜。限制性内切酶一般都得保存在 50%甘油的缓冲液中，但是酶切反应混合物中甘油的浓度不能超过 5%，否则将会抑制酶的活性。当使用的限制酶活性不高必须加大限制酶的用量时，因为酶的体积不能超过反应总体积的 10%，也要相应地扩大酶切反应的总体积。

三、DNA 片段回收

1. DEAE 膜片法 利用适当浓度的琼脂糖凝胶电泳分离 DNA 片段，然后将紧靠目的 DNA 片段前方的凝胶切一裂隙，再把一长条 DEAE -纤维素膜插入裂隙中，继续电泳直至条带中所有的 DNA 均收集到膜上（膜通过 DEAE 而吸附 DNA），然后从裂隙取出膜，用低离子强度的缓冲液（或水）洗掉污染物，最后在高离子强度的缓冲液中将 DNA 洗脱下来。

2. 透析膜片法 用透析膜代替 DEAE 纤维素膜同样可获得理想的回收效果，而且操作简便。对大的 DNA 片段的回收，透析膜片法优于 DEAE 纤维素膜片法，由于 DNA 吸附到透析膜上是非特异性的，可大大简化洗脱步骤，但 DNA 容易从透析膜上脱落，因此，从凝胶中取出透析膜时，应特别注意，如不小心，就会降低回收率。

3. 酚抽提法 利用适当浓度的琼脂糖凝胶电泳将 DNA 片段分离后，切下含有目的基因条带的琼脂糖凝胶。在酚存在条件下将其冻结，使凝胶变性。离心后，含有 DNA 的电泳缓冲液可从变性胶中析出，用酚：氯仿：异戊醇再抽提一次，DNA 片段用乙醇沉淀，离心回收。

目前，酶切产物的纯化可用商品化的纯化试剂盒来完成，非常简单、快速，省时又省钱。

第五节 目的基因与载体片段连接

DNA 的连接在本质上是一个酶促生化反应过程，含有匹配黏性末端的 DNA 片段在一起时，两个 DNA 片段的黏性末端单链间将形成碱基配对，仅在双链 DNA 上留下两个缺口：游离的 3′末端羟基基团以及相邻的 5′末端磷酸基团。在 DNA 连接酶催化作用下，形成磷酸二酯键封闭这两个缺口，连接成一个完整的 DNA 分子。

目的基因与载体 DNA 的连接方式：主要分为黏性末端连接法和平头末端连接法两大类。前者是指由两段互补的黏性末端进行的连接，由于连接效率较高，得到广泛的应用，特别是对目的基因和载体都进行双酶切，产生两个不同的黏性末端，这样就能保证目的基因与载体的定向连接，有效地限制载体 DNA 分子的自我环化，降低非重组子的背景，成为 DNA 重组连接技术中的最佳方法。后者虽然适用范围很广，但是它存在连接效率低，所需酶量是前者的 10～100 倍，非重组背景高，多拷贝插入及双向插入等缺陷，因此应用受到限制。为了克服这些缺点，往往是先把平末端改造成恰当的互补黏性末端，然后按黏性末端的方式进行连接。改造的方式有利用 DNA 末端转移酶（TDT）把互补的多聚核苷酸（poly A 与 poly T 或 po1y G 与 poly C）分别接到两个 DNA 片段的末端，使之形成黏端互补进行连接；另外是使用人工接头（1inker）法，在要连接的外源基因与载体 DNA 的末端，先接上一段互补的人工接头，这个接头通常就是内切酶的识别位点（已有多种人工接头商品出售，如 *BamH* I 接头、*EcoR* I 接头、*Pst* I 接头等）。对于非互补的黏性末端，可采用绿豆核酸酶、Klenow 聚合酶等对其单链突出处进行削平或补齐，使它变成平末端，然后进行连接，或改造成互补的黏性末端后再进行连接。

由于黏性末端的氢键结合是不稳定的，不足以抵抗较高温度时的分子热运动，连接反应通常采用较低温度，较长时间的条件来进行。经常使用的条件是 12～16℃ 12～16h，有时会用到 7～8℃ 2～3d。

在连接反应中除了要求有高质量的连接酶，还要求高纯度的 DNA 样品，以排除其他干扰因素。如果 DNA 样品纯度不够，其中混有的 EDTA、琼脂糖、蛋白质、各种杂酶、RNA 等都可能影响连接反应的进行。

第六节 重组 DNA 导入宿主细胞

体外连接的 DNA 重组分子必须导入合适的受体细胞才能进行增殖和表达。受体细胞又称为宿主细胞，分为原核细胞和真核细胞两类。前者主要是大肠杆菌、链霉菌及枯草杆菌等，后者包括酵母菌及哺乳动物细胞。理想的宿主细胞通常是 DNA 蛋白质降解系统缺陷株，和（或）重组酶缺陷株。它们具有较强的接纳外源 DNA 的能力，可保证外源 DNA 长期、稳定的遗传或表达。

以质粒为载体构建的重组体导入大肠杆菌的过程称为转化（transformation）；实现转化的方法包括化学诱导法（如氯化钙法）、电穿孔法等。将外源 DNA 直接导入真核细胞（酵母除外）的过程称为转染（transfection）。

常用的转染的方法包括化学诱导法（如磷酸钙共沉淀法，脂质体介导法等）；物理方法包括显微注射法，电穿孔法等。以噬菌体为载体构建的重组体导入宿主细胞的过程也称为转染（transfection）。

影响转化效率的因素很多，最主要的因素是要建立一个合适的载体、受体系统。在微生物领域中，现有的载体受体系统有：大肠杆菌系统、酵母系统、枯草杆菌系统等。正在研究的有棒状杆菌、高温菌、芽孢杆菌、放线菌等系统。目前在 DNA 重组技术中应用最普遍的是大肠杆菌系统，本节也以质粒 DNA 转化大肠杆菌为例来介绍转化技术。外源重组 DNA 导入细胞的方法，因宿主细胞不同而有所不同。对于大肠杆菌来说，主要有氯化钙转化法和电穿孔转化法二种。

在受体细菌基因组上不应存在载体的筛选标记基因，二者组成一对互补系统。如质粒 pBR322 以 amp^R 和 tet^R 基因作筛选标记，受体细菌则用 amp^R 和 tet^R 的大肠杆菌 HBl01 细菌；pUC18、pUC19 和 M13 用 *LacZ* 基因作筛选标记，则需用 Iac^- 的大肠杆菌 JMl03 等作受体细菌。

一、大肠杆菌的转化

细菌处于容易接受外源 DNA 的状态叫感受态，重组 DNA 转化细菌技术的关键就是通过物理或化学的方法，人工诱导细菌细胞成为敏感的感受态细胞（competent cell），以便外源重组 DNA 进入细菌内。

处于对数生长期早、中期的大肠杆菌细胞，经冰冷的 $CaCl_2$ 处理后，使其成为感受态细胞。将感受态细胞与重组体质粒 DNA 在冰浴中温育，突然经短暂热休克（42℃ 1～2min）冲击处理，则更有利于细胞对 DNA 复合物的摄取，外源 DNA 分子通过吸附、转入、自稳而进入细胞内，并开始进行复制和表达。

二、电脉冲穿孔法转化大肠杆菌

电脉冲穿孔法不需要预先诱导细菌的感受态，依靠短暂的高压电脉冲，促使 DNA 进入细菌。因其操作简单，受到人们的欢迎，最初用于将 DNA 导入真核细胞，现已用于大肠杆菌及其他细菌的转化。电脉冲穿孔转化细菌时，电压高，脉冲时间长，转化率愈高，但导致细胞死亡率增高。一般使用的电击条件在导致细胞死亡率为 50%～75%时，转化率

能高达 10^9～10^{10} 转化子/μg 闭环 DNA，远高于氯化钙法的转化率（10^5～10^8 转化子/μg 闭环 DNA）。

电脉冲穿孔法的转化效率一般可达 10^9 转化子/μg DNA，过大的样品体积、较高的盐离子浓度（应小于 1 mmol/L）和转化温度均会降低转化效率。

第七节 含重组质粒的宿主菌落的筛选与鉴定

为了得到需要的重组 DNA 克隆，在技术路线设计时，首先就应考虑建立易于筛选重组子的方案。一个设计良好的方案往往可以事半功倍，节省许多人力物力。筛选方法的选择与设计主要依据载体、目的基因、宿主细菌三者不同的遗传学特性与分子生物学特性来进行。DNA 重组技术中常用的筛选与鉴定的方法可分为两大类，一类是利用宿主细胞遗传学表型的改变直接进行筛选；另一类是分析重组子的结构特征进行鉴定。

一、利用宿主细胞遗传表型的改变进行筛选

重组子转化宿主细菌后，载体上的一些筛选标志基因的表达，会导致细菌的某些表型改变，通过在琼脂平皿中添加一些相应筛选物质，可以直接筛选出含有重组子的菌落。操作比较简单，常是筛选阳性重组子的第一步。

（一）利用抗生素抗性标志进行筛选

大多数克隆载体均带有抗生素抗性基因，常见的有抗四环素基因（tct^R）、抗氨苄青霉素基因（amp^R）等。如果外源 DNA 片段插入载体的位点在抗药性基因之外，不导致抗药性基因的插入失活，仍能编码抗药性蛋白，含有这样重组子的转化细胞，能够在含有相应抗生素的琼脂平皿上生长成菌落。但是除阳性重组子以外，自身环化的载体，未酶解完全的载体以及非目的基因插入载体形成的重组子均能转化细胞并形成菌落，只有未转化的宿主细胞不能生长，故本法假阳性较多，仅是阳性重组子的初步筛选。

（二）插入失活双抗生素筛选

在含有两个抗生素抗性基因的载体上，利用目的基因插入失活其中一个抗生素抗性基因，在两个含不同抗生素的培养平皿上培养，对照筛选出阳性重组子。

（三）β-半乳糖苷酶系统筛选

通过插入失活 *LacZ* 基因，破坏重组子与宿主之间的 α-互补作用，是许多携带 *LacZ* 基因的载体常用的筛选方式。这些载体包括 M13 噬菌体、pUC 质粒系列、pEGM 质粒系列等。它们的共同点是都带有一个大肠杆菌 DNA 的短区段，其中含有 β-半乳糖苷酶基因（*LacZ*）的调控序列和头 146 个氨基酸（α 片段，酶的 N 端）的编码信息。在这个编码区中插入了一个多克隆位点，但既不破坏其编码蛋白的阅读框，也不影响其功能。这种载体适用于突变型 Lac^-的大肠杆菌， 这种大肠杆菌可编码 β-半乳糖苷酶的 ω 片段（酶的 C 端）。单独存在的 α 及 ω 片段均无 β-半乳糖苷酶的活性，只有当克隆载体导入宿主细胞而共同表达两个片段时，它们才能融为一体，形成具有酶活性的 β-半乳糖苷酶，在生色底物

X-gal 存在时形成蓝色菌落，这种互补现象叫 α 互补。当外源 DNA 片段插入到质粒的多克隆位点时，使得 *LacZ* 基因失活，破坏了重组子与宿主细胞之间的 α-互补作用，因此含重组质粒的细菌形成白色菌落。仅仅通过目测就可以容易地从数千个菌落中识别筛选出可能带有重组质粒的菌落，然后通过小量制备质粒 DNA 进行限制性内切酶酶切分析，就可以鉴定这些质粒的结构。

二、分析重组子分子结构特性进行鉴定

由于插入重组分子的方向，多聚体假阳性等因素的影响，往往需要对重组子的分子结构作进一步的筛选和鉴定，来证实目的基因是否存在于受体细胞之中。

（一）限制性核酸内切酶酶切电泳分析

将初筛阳性的一些菌落，用小量制备方法快速分离出重组质粒或重组噬菌体，用分离目的基因时同样的限制性内切酶进行酶切，经琼脂糖电泳后，观察检测插入的目的基因以及载体片段的大小是否与预期相符。

（二）Southern 印迹杂交

为了进一步确定 DNA 插入片段的正确性，在内切酶消化重组子，凝胶电泳分离后，通过 Southern 印迹杂交，鉴定重组子中的插入片段是否是所需的靶基因片段。

（三）菌落（或噬菌斑）原位杂交

菌落或噬菌斑原位杂交技术是最通用的筛选重组子技术，它是先将转化菌落直接铺在硝酸纤维素薄膜或琼脂平板上，再将其转移至另一硝酸纤维素薄膜上原位裂解细菌并使其释出的 DNA 牢牢吸附于硝酸纤维素薄膜上，用核素标记的特异 DNA 或 RNA 探针进行分子杂交。经贴压 X-光胶片曝光、显影、定影后，放射性探针使胶片曝光，指示出阳性克隆菌落的位置。本方法能进行大规模操作，一次可筛选上万个菌落或噬菌斑，对于从基因文库中挑选目的重组子，是一项首选的方法。

（四）DNA 序列分析

该法是鉴定目的 DNA 最准确的方法。从阳性克隆中分离出重组体，用特定限制酶切出目的基因，进行序列测定，证实克隆的基因与目的基因的一致性。由于 DNA 序列分析费时费钱，故本法不作常规筛选之用，只是在初步筛选后，最终进行鉴定使用。

（过健俐）

第九章 核酸分子杂交技术

核酸分子杂交技术（nucleic acid molecule hybridization）的基本原理就是利用核酸分子的变性和复性的理化性质，使来源不同的 DNA（或 RNA）片段，根据碱基互补配对原则形成杂交双链分子（heteroduplex）。核酸分子杂交技术一般是用已知碱基序列的单链核苷酸片段作为探针去探测样品中是否存在与其互补的同源序列的一种检测方法。分子杂交技术具有高度的特异性和灵敏性，是定性或定量检测特异DNA或RNA序列片段的方法之一，被广泛地应用于分子生物学领域中克隆基因的筛选、DNA 序列测定、基因组中特定基因序列的检测、基因突变分析以及疾病的诊断等方面。

第一节 核酸分子杂交的基本理论

一、DNA 变 性

DNA 变性（DNA denaturation）是指在物理或化学因素的作用下，DNA 分子碱基对之间的氢键遭到破坏，双链 DNA 分子变成两条单链 DNA 的过程。变性过程中，只有两条链之间的氢键断裂，而核酸分子中的所有共价键则不受影响。

引起核酸变性的因素有很多，如温度、酸、碱等。而加热变性是核酸分子杂交中最常用的一种方法。

DNA 的溶解温度（melting temperature，Tm）是指双链 DNA 变性一半所需要的温度。DNA 分子的 T_m 值的大小与所含碱基中的 G+C 比例有关。DNA 中（G+C）%愈高时，T_m 值也就愈高。同时，T_m 值还受溶液离子强度的影响，离子强度低，T_m 值就低，这是由于溶液中离子与 DNA 分子中磷酸基团形成了离子键。因此离子强度高，DNA 比较稳定，需要更多的能量才能使其变性。在甲酰胺溶液中 DNA 的 T_m 可随甲酰胺浓度增高而降低，这是因为甲酰胺可使碱基对间的氢键不稳定。DNA 变性时，溶液中含有一定量的甲酰胺，可避免 DNA 在高温变性时引起断裂，因而在杂交实验中常常被应用。

二、DNA 复 性

DNA 的变性一般是可逆的。当促使变性的因素解除后，两条 DNA 链又可通过碱基互补配对原则重新形成双链 DNA 分子，这一过程称为 DNA 复性（renaturation）。加热变性的 DNA 分子在温度缓慢降低时可恢复到原来正常 DNA 的结构，这一过程又称为“退火”（annealing）。如果将加热变性的 DNA 分子快速冷却至低温，则大部分 DNA 不能复性。

如果促使 DNA 变性的因素过分强烈，可能导致 DNA 分子中共价键的断裂，DNA 分子便难以复性。

三、核酸分子杂交

将任何具有互补序列的两条单链核酸分子放入同一反应体系，两条互补链可通过碱基互补配对重新缔合形成双链的过程称为核酸分子杂交（hybridization）。核酸分子杂交可以发生在DNA/DNA、DNA/RNA、RNA/RNA或人工合成的寡核苷酸片段与DNA、RNA等片段之间。核酸分子杂交是分子生物学常用的重要技术之一。利用核酸分子杂交可以检出特定基因的顺序、基因的结构和定位、基因的表达、基因组织的特点等。

第二节　核酸探针及其标记

一、核 酸 探 针

探针（probe）是指能与被检测的核苷酸片段互补的一段带有标记物的已知核苷酸片段。理想的探针一般具备以下几点：①是一段已知的核苷酸链；②需加以标记；③便于杂交后的检测。根据探针核酸的不同来源可将探针分为基因组DNA探针、cDNA探针、寡核苷酸探针和RNA探针。

二、探针标记物

一种理想的探针标记物，应具备以下几点：①标记物与探针的结合，应不影响探针与待测靶基因碱基配对特异性结合。②不影响探针分子的主要理化特性。③当用酶促方法进行标记时，不影响标记效率和标记产物的比活性。如果已标记探针作为进一步酶促反应的底物时，也不应影响酶活性。④对检测方法具有高度的灵敏性和特异性。⑤检测方法还具有高度的特异性，假阳性率低。⑥稳定性好，标记和检测方法简便。⑦对环境无污染，对人体无害等。标记物可分为放射性和非放射性两大类。

（一）放射性核素标记物

核素是一种高度灵敏的杂交反应示踪物，用放射性核素标记的探针灵敏性高，方法简单，稳定性好。通过放射自显影可以直接使X-线胶片上的乳胶颗粒感光。可检出1～10μg高等生物基因组DNA中的单拷贝基因，常用于标记核酸探针的放射性核素有^{32}P、^{35}S、^{3}H等。^{32}P比放射活性高，能释放高能量的β粒子，是最为常用的核酸标记物。广泛用于各种滤膜杂交，通过放射自显影检测。^{35}S的比放射活性比^{32}P略低，射线散射作用弱，特别适用于原位杂交。由于半衰期比^{32}P长，所以^{35}S标记的探针能在−20℃保存6周。

（二）非放射性标记物

非放射性标记物因具有安全，无放射性污染，稳定性好及显色快和易观察等优点，近年来得到了广泛的应用。常用的非放射性标记物有：荧光素（异硫氰酸荧光素、罗丹明等）、生物素（biotin）、地高辛（Digoxigenin，Dig）、酶（辣根过氧化物酶、碱性磷酸酶及半乳糖苷酶等）。

1. 荧光素　不同荧光素可在激发光照射下发出不同颜色的荧光，如异硫氰酸荧光素（FITC）呈现黄绿色荧光、试卤灵（resorufin）呈现红色荧光、羟基香豆素（hydroxxy coumarin）呈现蓝色荧光。利用这一特性，可使用不同颜色荧光素标记的探针，检测同一标本上多个位置的靶核苷酸序列。

2. 生物素（biotin）　生物素是一种小分子水溶性维生素，通过一条碳链交联臂，可与UTP或dUTP嘧啶环的5位碳相连，尿嘧啶的5位碳与生物素相连不会影响其通过氢键形成碱基配对的能力与特异性。生物素化的核苷酸，通过酶促聚合作用可掺入到探针DNA中，杂交反应后，可用链霉亲合素结合而被检测，与生物素偶联的杂合体即可被显示。

3. 地高辛（Digoxingenin，DIG）　地高辛是一种类固醇半抗原化合物，可通过一个11个碳原子交链臂与尿嘧啶核苷酸嘧啶环上的5位碳相连，形成地高辛标记的尿嘧啶核苷酸。这种标记的核苷酸与未标记的核苷酸一样，都可以作为DNA合成的底物被掺入到核酸探针分子中。杂交后，可以利用相应半抗原的抗体进行免疫学检测，根据显色反应检测杂交信号。

三、探针的标记方法

用于分子生物学研究的核酸分子探针几乎都是采用体外标记法进行探针标记。体外标记法分为两大类型：酶促标记法和化学标记法。酶促标记法是将标记物预先标记在核苷酸（NTP或dNTP）分子上，然后利用酶促反应将标记的核苷酸分子掺入到新合成的核酸中，形成带有标记的核酸探针。所带的标记物一般都有相应灵敏的检测手段，在完成分子杂交实验后，可以检测到分子存在的位置并进行定量。化学标记法是利用标记物分子上的活性基团与待标记核酸分子上的基团（如磷酸基团）发生的化学反应将标记物直接结合到核酸分子上。两种标记法各有其特点，化学标记法的特点是简单、快速、均匀。而酶促标记法可更好地修饰DNA，产生比化学标记法高的敏感性。酶促标记法是最常用的一种标记法。

（一）切口平移法（nick translation）

DNase Ⅰ是一种内切酶，在Mg^{++}存在下，DNase Ⅰ可独立地作用于每条DNA链，在双链DNA中随机引入切口，切口的3′末端即可作为引物，在四种dNTP（其中一种为^{32}P标记物）存在下，DNA聚合酶Ⅰ可以把核苷酸残基加到切口处的3′羟基端。由于该酶还具有5′→3′外切核酸酶活性，可以从切口5′端除去核苷酸。5′端核苷酸的去除与3′端核苷酸的加入同时进行，导致切口沿着DNA链移动（即切口平移）。由于^{32}P标记的核苷酸置换了原有核苷酸，因此新合成的两条链可被均匀地标记，使该探针具有很高的放射活性。

（二）随机引物法（random primer）

对于任意一个用作探针的DNA片段来说，商品化的随机引物中都会有一些六核苷酸片段可以与之结合，起到DNA合成引物的作用。这些混合的寡核苷酸总可以在DNA模板上找到能够互补配对的区段，基本上适用于所有的DNA模板。于100℃使DNA模板变性后，将模板与引物混合，由于引物很短，很容易与模板DNA结合，在Klenow酶的存在下，合成新的DNA链，在此过程中，将带有标记物的dNTP掺入到新合成的DNA链中。

（三）末端标记法（end-labeling）

末端标记法不是将标记物标记在DNA片段全长，而是标记在线性DNA或RNA的5′端或3′端。该法可得到全长DNA片段探针，但携带的标记分子比较少，标记活性不高，该法多用于寡核苷酸探针的末端标记。

（四）PCR标记法（PCR-labeling）

进行PCR反应时，将作为底物的4种dNTP中的一种换成了标记物标记的dNTP，这样，在进行DNA合成时，标记的dNTP就可作为底物掺入到新合成的DNA链上。

第三节 核酸分子杂交的影响因素和种类

核酸分子杂交可采用两种方法。固相杂交法：固相杂交是把待检测的核酸样本首先结合到某种固相载体（如硝酸纤维滤膜、尼龙膜等）上，然后将其置入反应液中，与核酸探针进行杂交反应。根据支持物的不同，固相杂交又分为两种类型：原位杂交和滤膜杂交。前者是指不改变核酸原来的位置，探针直接与细胞或组织切片中核酸进行的杂交；后者是指探针与固定于滤膜上的核酸分子进行杂交。液相杂交法：液相杂交是指待测的核酸和标记的探针同时溶于杂交液中进行反应，然后分离杂交双链和未参加反应的标记探针，再进行检测。核酸杂交是一个较复杂的反应过程，受很多因素的影响。

一、影响杂交的因素

（一）探针的浓度和长度

探针浓度的选择是以达到与靶核酸的最大饱和度为目的，一般选择0.5～5.0μg/ml。探针浓度的高低直接影响单链核酸间的碰撞概率和杂交反应速度，浓度大，碰撞概率高，杂交反应速度快。浓度小，碰撞概率低，杂交反应速度慢。另外，反应速度的快慢与探针片段的长度也有关，探针片段越长，扩散速度越慢，核酸复性的速度也越慢，因而，探针的长度一般应控制在50～300 bp。

（二）杂交的温度和时间

核酸杂交反应受杂交温度的影响，在0℃时杂交进行非常慢，随着温度的升高，杂交率也明显增加，当温度比T_m值低20～25℃时达到最大杂交率（DNA-DNA杂交），但在更高温度情况下，双链分子逐渐趋向解链，故当温度达到比T_m低5℃时杂交率非常低。所以，杂交温度一般在比T_m低20～25℃。

杂交反应时间应为16h。要注意不要超过24h，反应时间长，形成的杂交体会自动解链，杂交信号反而减弱。

（三）杂交液中的甲酰胺

甲酰胺能降低核酸杂交的T_m，含30%～50%甲酰胺的杂交溶液温度能降低到30～42℃。使用甲酰胺具有以下优点：①在低温下探针更稳定；②能更好地保留非共价结合的核酸。在实际工作中，对于待测核酸顺序与探针顺序同源性高的杂交，用水溶液时取 68℃；用 50%甲酰胺溶液时常在 40℃进行杂交。如果待测核酸顺序与探针同源性不高时，以 50%甲酰胺溶液在 35～42℃杂交为好。

（四）离子强度

在低的离子强度下，核酸杂交非常缓慢，随着离子强度的增加，杂交反应率增加。例如，在低盐浓度（小于 0.1mol/L Na^+）时杂交率较低，当盐浓度每增加 2 倍时杂交率增加 5～10 倍，盐浓度超过 0.1mol/L Na^+时对杂交率的影响降低。高浓度的盐使碱基错配的杂交体更稳定，故测定顺序不完全同源的交叉杂交时，必须维持杂交反应液中较高的盐浓度和洗膜溶液的盐浓度。杂交后一般用较高的盐溶液洗膜，如 2×SSC 和 6×SSC（1 倍的 SSC 为 150mmol/L NaCl，15mmol/L 枸橼酸钠）。

（五）非特异性杂交反应

为减少非特异性杂交反应，在杂交前将非特异性杂交位点进行封闭，以减少其对探针的非特异性吸附作用。常用的封闭物有两类：一类是变性的非特异性 DNA，大多采用鲑鱼精子 DNA（salmon sperm DNA）或小牛胸腺 DNA（calf thymus DNA）；另一类是一些高分子化合物，一般多采用 Denhardt 氏溶液（含聚蔗糖 400、聚乙烯吡咯烷酮和牛血清白蛋白），也可用脱脂奶粉。

（六）杂交促进剂

杂交液中使用葡聚糖可促进核酸链间碱基的配对，同时其微粒表面还可吸附探针分子，从而使核酸单链接触面积增大，特别有利于长探针的杂交反应，在 5%～10%硫酸葡聚糖存在时，杂交反应速率可提高 5～10 倍。使用硫酸葡聚糖的缺点是增加了杂交液的黏度。聚乙二醇（PEG，*MW*6000～8000）和聚丙烯酸也可作为杂交促进剂。

二、固相杂交法

（一）固相支持膜的选择

进行固相核酸分子杂交时，选择良好的固相支持膜是核酸分子杂交成败的关键因素之一。用于核酸杂交的膜应当具备的条件是：①有较强的结合核酸分子的能力；②核酸固定在膜上，不影响核酸与探针的杂交反应；③能经受杂交、洗膜等反复操作而杂交分子不易脱落；④非特异性分子吸附少而不牢固，易于洗脱；⑤具有良好的柔软性和韧性，便于实验操作。

常用的固相支持膜有硝酸纤维素滤膜（nitrocellulose filter membrane）和尼龙膜（nylon membrane）。硝酸纤维滤膜与核酸的结合有赖于高盐浓度（＞10×SSC），在高盐浓度下，该膜具有较强的吸附单链 DNA 和 RNA 的能力。吸附的单链 DNA 和 RNA 经真空中 80℃烤干后，依靠疏水性相互作用而结合到硝酸纤维滤膜上。其缺点是在低盐浓度时结合 DNA 效果不佳，不适宜于电转印迹法。另外，对于小分子量 DNA（＜200bp）结合能力不强以及质地脆弱，不易操作等。

与硝酸纤维滤膜相比，尼龙膜结合单链及双链 DNA 和 RNA 的能力要强得多。是目前较为理想的一种核酸固相支持膜。经烘烤或紫外线照射后，核酸分子与膜共价结合。特别是用短波紫外线照射后，核酸中的部分嘧啶碱基可与膜上的带正电荷的氨基酸相互交联，从而使结合更加牢固。尼龙膜可与小至 10bp 的片段结合，在低盐条件下也能较好地结合核酸。该膜韧性较强，操作方便，可重复使用。其缺点是杂交信号本底较高，但可采用加大预杂交液中非特异性封闭试剂的方法克服。

（二）常用的几种固相核酸分子杂交方法

1. Southern 印迹杂交 Southern 印迹杂交（Southern blot）是指将电泳分离、原位变性的单链 DNA 片段转移到固相支持物上，然后，与核酸探针杂交的一种方法。该方法的基本步骤包括有：待测核酸制备→限制性内切酶的消化→琼脂糖凝胶电泳分离→原位 DNA 变性→DNA 转移至硝酸纤维滤膜→预杂交→杂交→洗脱→放射自显影→分析杂交结果。

DNA 样品在制备和电泳过程中始终保持双链结构。电泳后，将凝胶置于碱溶液中浸泡，使双链 DNA 变性成为单链 DNA，再用酸中和，使溶液的 pH 恢复至中性。然后，将凝胶中的 DNA 片段转移到硝酸纤维滤膜上。转移到滤膜上的各个 DNA 片段的相对位置与在凝胶中的相对位置完全一样，因而称为印迹（blot）。该方法是 1975 年由爱丁堡大学的 Southern 建立的，由此得名“Southern blot”。

将固定于膜上的 DNA 片段与探针 DNA 进行杂交之前，必须先进行一个预杂交（prehybridization）的过程。由于硝酸纤维滤膜能与 DNA 和一些大分子物质结合，为了防止探针 DNA 与滤膜非特异性地结合，在杂交前，必须将膜上所有能与 DNA 和一些大分子物质（如蛋白质）结合的位点全部封闭，达到使本底降低，背景清晰的目的。然后再加入探针 DNA 进行杂交，在杂交洗膜后将滤膜和 X 线片装入暗盒，使 X 线片感光，冲洗后，分析结果。如果杂交成功，在 X 线片的相应位置上可见黑色杂交条带。

2. Northern 印迹杂交 Northern 印迹杂交（Northern blot）是指将待测 RNA 样品经变性电泳凝胶分离后转移到固相支持物上（如尼龙膜等），然后与标记的核酸探针进行杂交的一种方法。主要用于组织细胞中总 RNA 或 mRNA 的定性和定量分析。其基本原理和基本过程与 Southern 印迹杂交基本相同。

3. 斑点及狭缝印迹杂交 将 RNA 或 DNA 变性后直接加样于多孔过滤加样器并以固定的带型聚集于硝酸纤维素膜或尼龙膜上，膜上的印迹为圆形称斑点印迹（dot blot），为线状称狭缝印迹（slot blot）。然后用标记的核酸探针与之杂交。也可将各种不同的探针先固定于滤膜上，再与样品进行杂交，这种方法称为反向杂交。斑点及狭缝印迹杂交都可采用放射自显影或显色反应检测杂交信号，分析杂交结果。可用于基因组中特定基因及其表达的定性及定量研究。两种杂交方法的区别只在于点样的形状不同，而操作方法基本一样。与 Southern 和 Northern 印迹法相比，其优点是简单、快速，可在同一张膜上进行多个样品的检测，常以此法确定最佳探针浓度。此法可同时检测同一样中多个基因状态。但其缺点是不能鉴别所检测核酸的分子量，特异性不高，有一定比例的假阳性。

4. 原位杂交 经适当方法处理细胞或组织后，使核酸保持在细胞或组织切片中，将标记的核酸探针与其核酸进行杂交，该方法称为核酸原位杂交（nucleic acid hybridization in situ）。原位杂交不需要从组织或细胞中提取核酸，对组织中含量极低的靶序列有很高的灵敏度，并可完整地保持组织与细胞的形态，更能准确地反映出组织细胞的相互关系及功能状态。根据检测物不同，原位杂交可分为细胞内原位杂交和组织切片原位杂交。

在平板上的重组转化菌落，将其影印转移到膜上，经裂菌、DNA 变性、中和等处理后，进行杂交称为菌落原位杂交（colony hybridization in situ）。该法可用于基因工程研究中 DNA 重组体的筛选和临床标本的检测。

（三）杂交信号的检测

核酸探针标记的方法有两大类：放射性核素标记和非放射性标记物标记。两种标记的核酸探针与待测的单链核酸分子的杂交过程基本相似，但杂交信号检测体系是完全不同的。

1. 放射自显影　放射性核素探针杂交信号一般是采用放射自显影的方法来检测。经杂交，洗脱后的膜放入带有增感屏的曝光暗盒内，在暗室内将一张 X 线底片放入曝光暗盒，使之接触滤膜。再将暗盒放入−70℃冰箱曝光一定时间，同位素在不断衰变的过程中释放出 β 粒子，粒子撞击 X 线片感光层，形成潜在影像。经过显影即可见到成像。放射自显影时用增感屏可提高检测灵敏度。低温下可减缓溴化银结晶在光子激活后回复到稳定的速度，也能增加感光效果。X 线片曝光时间长短可根据所用放射性核素的种类和含量来决定，也可参考预实验结果。

2. 非放射性探针的检测　除酶直接标记的探针外，大多数非放射性标记物是半抗原，不能被直接检测，需经偶联及显色二步反应进行检测。

如地高辛是最常用和商品化的非放射性标记物。可采用随机引物法、切口平移法和末端转移酶末端标记法等，在 Klenow 酶的作用下，将地高辛标记的 dNTP 作为底物掺入到 DNA 中，合成标记 DNA 探针。然后，与固定在滤膜上的同源 DNA 杂交，杂交信号可通过酶促显色反应显示。在反应体系中，加入抗地高辛抗体-碱性磷酸酶（AP）复合物。此时，抗地高辛抗体与探针分子中的地高辛形成半抗原抗体结合物。结合在抗体上的碱性磷酸酶(alkaline phosphatase)可使其作用底物 5-溴-4-氯-3 吲哚磷酸(5-bromo-4-chloro-3-indoly phosphate，BCIP）脱磷并聚合，在此过程中释放出的 H^+使硝基蓝四氮唑（nitroblue tetrazolium，NBT）还原形成紫蓝色化合物，根据显色反应判断实验结果。

很多荧光染料和碱性磷酸酶、辣根过氧化物酶（产生有颜色的沉淀物）可直接与抗地高辛抗体和亲合素偶连。现已证实链亲合素-碱性磷酸酶-BCIP/NBT 联合应用检测生物素标记探针杂交信号敏感性最高。化学发光检测方法和间接免疫荧光技术也为许多分子生物学的应用提供了另一灵敏的备择方法。

（孙　军）

第十章　聚合酶链反应（PCR）技术

聚合酶链反应（polymerase chain reaction，PCR）是于1985年创建的一种DNA体外扩增技术。此技术可以在生物体外，几个小时内将极微量的目的基因成百万倍地放大，并能够特异地扩增任何目的基因或DNA片段。PCR技术是方法学上的一次革命，以其显著的三大特点：特异性、高效率和忠实性，对生命科学研究领域产生了巨大的影响。PCR技术是方法学上的一次革命，该技术的发明者Mullis于1993年获诺贝尔奖。

第一节　PCR基本原理和影响因素

一、基 本 原 理

PCR是一种用于扩增位于两段已知序列之间的DNA区段的一种方法，PCR技术实际上是在模板DNA、引物和4种四种脱氧单核苷酸（dNTPs）存在的条件下，依赖DNA聚合酶的酶促合成反应。其基本原理是依据细胞中DNA半保留复制机制，以及在体外DNA分子于不同温度下双链和单链可互相转变的性质，通过人为地控制体外合成系统的温度，使双链DNA热变性成为单链；继而单链DNA与人工合成的引物退火，然后在dNTPs存在下，耐热的DNA聚合酶使引物沿单链模板延伸成为双链DNA。通过高热变性、低温退火和适温延伸等3步反应循环进行，使目的DNA得以迅速扩增。

二、PCR反应体系

PCR的扩增是一种特定区段DNA的复制，这仍然遵守DNA生物合成的基本规律，其复制方式以半保留形式进行的，因此，PCR反应体系中，必须有DNA模板、引物、DNA聚合酶、dNTPs。此外，由于DNA聚合酶是Mg^{2+}倚赖的，还必须提供合适浓度的Mg^{2+}以及反应缓冲液。

（一）模板

模板可以是DNA片段、基因组DNA、重组DNA或λ噬菌体，或者任何其他含有DNA的生物样品。含有靶序列的模板DNA可以是单链或双链形式；可以是闭和环状DNA，也可以是线性分子。在PCR反应各项条件控制最佳时，单拷贝的靶序列作模板也能获得满意的结果，然而更多的情况是把靶DNA的几千个拷贝数的模板量加入反应体系。用哺乳动物基因组DNA作模板时，每个PCR反应所加入的模板约0.1μgDNA，它相当于常染色体单拷贝基因的约3×10^5拷贝数的DNA量。酵母、细菌与质粒DNA作为PCR模板时，每个反应中典型的模板量依次为10ng、1ng和1pg。

（二）热稳定的 DNA 聚合酶

常规 PCR，Taq DNA 聚合酶是最常选用的酶。Taq DNA 聚合酶分离自 *T.aquaticus*（一种来自嗜热古细菌家族的微生物），是最先被分离和了解最为透彻的热稳定 DNA 聚合酶。每个标准的 PCR 反应（25～50μl）体系用 0.5～2.5 单位，约 $2\times10^{12}\sim10\times10^{12}$ 个酶分子。然而，由于模板和引物不同以及其他条件的差别，聚合酶的用量亦有差异。若酶的浓度偏高，非特异性产物堆积；若酶的浓度偏低，则合成产物的量少。

然而，不同制造商所售的 Taq DNA 聚合酶的制备工艺不尽相同，即使在标准的相同的 PCR 条件下，不同来源的 Taq DNA 聚合酶在扩增效率、扩增片段的长度和保真度上都有差异。因此，要根据合成片段需要的保真度、效率及合成能力而选择，并对每一批次的 Taq DNA 聚合酶的 PCR 条件进行优化。

（三）引物

PCR 反应需要一对引导 DNA 合成的寡核苷酸引物。引物的设计直接影响 PCR 的成败。具体的引物设计原则见后述。引物的浓度一般在 0.1～0.5μmol/L 之间。引物的浓度偏高，会引起错配和非特异性产物堆积，同时能增加生成引物二聚体的几率。非特异性产物和引物的二聚体与产物竞争使用酶、dNTPs 和引物，其结果使真正需要的产物产率降低。

（四）脱氧核糖核苷三磷酸浓度（dNTPs）

dNTPs 是 DNA 新链合成原料。标准 PCR 反应体系中包含 4 种等摩尔浓度的 dNTPs，即 dATP、dTTP、dCTP 和 dGTP。在 Taq DNA 聚合酶反应液中包含 1.5mmol/L $MgCl_2$ 的条件下，每种 dNTP 的浓度一般在 200～250μmol/L 之间。在 PCR 循环加温过程（50 次）中，50%的 dNTPs 是稳定的。高浓度的 dNTPs 对扩增反应起抑制作用，可能与 dNTPs 与 Mg^{2+}螯合有关；使用较低的 dNTPs 浓度，可以减少在非靶位置启动和延伸时核苷酸错误掺入，在特异性和精确性方面都有提高。决定最低 dNTPs 浓度是根据靶序列的长度和组成。

（五）Mg^{2+}浓度

Taq 聚合酶对于 Mg^{2+}的浓度特别敏感。Mg^{2+}浓度低时，Taq 聚合酶精确性（正确的碱基互补配对）高，但是聚合效率低；相反，Mg^{2+}浓度高时，Taq 聚合酶聚合效率高而精确性低。此外，Mg^{2+}浓度可影响到引物退火、模板和 PCR 中间产物的解离温度、产物的特异性、引物二聚体的生成以及酶的活性和精确度等。由于反应体系中有 EDTA 或其他离子螯合剂，而且 dNTPs 和 DNA 模板上有磷酸基团，因此镁离子浓度必须适当调整，一般在 0.5～2.5mmol/L 之间。

（六）反应缓冲液

PCR 反应还需要适合聚合酶工作的缓冲液。通常购买的商品化聚合酶都附赠缓冲液。缓冲液中含有 Tris-Cl 以维持 pH，PCR 理想的 pH 是 8.4，对于长模板，推荐使用更高的 pH（pH9.0）。温度升高时，反应混合物中 Tris 缓冲液的 pH 降低。较低的 pH 引起模板脱嘌呤，导致扩增产物产量降低。此外，缓冲液中还有 50mmol/L 的 KCl，提供足够的离子强度，促使引物退火；以及明胶和牛血清白蛋白或非离子型去污剂，能帮助稳定酶的作用。

（七）可选成分

使用一些共溶剂或添加剂能够降低高水平的错误引导、提高富含 G+C 模板的扩增效率。共溶剂包括甲酰胺、DMSO；添加剂包括氯化四甲胺、谷氨酸钾、硫酸铵、非离子的和阳离子的去垢剂等。在高浓度时，许多共溶剂和添加剂都可以抑制 PCR，对不同浓度的引物和模板 DNA 的组合都应该通过经验来确定其最适用量。

三、PCR 反应步骤简介

（一）PCR 反应的步骤

PCR 全过程包括三个基本步骤：

1. 变性 加热至 90～96℃时，模板 DNA 双螺旋的氢键断裂，双链解链，形成单链 DNA。

2. 退火 当温度突然降低至 50～65℃，引物与单链 DNA 上靶序列互补对。

3. 延伸 70～74℃、在 Mg^{2+}存在的条件下，4 种 dNTPs 在 Taq DNA 聚合酶的作用下，引物沿 5′→3′方向延伸，按碱基互补原则合成与模板 DNA 互补的 DNA 新链。

模板 DNA 经过变性、低温、延伸三个步骤称为 PCR 的一轮循环。每循环一次，目的 DNA 的拷贝数加倍，经过 n 次的循环后，PCR 扩增倍数为 $(1+X)^n$，X 为扩增效率，平均为 75%。循环次数一般为 25～30 次。如果一次循环需 2～3min，1 个多小时就能将目的基因放大几百万倍（$\geqslant 2\times 10^6$）。

（二）标准 PCR 反应

1. 反应体系 一般 PCR 反应体积有 25μl、50μl 或 100μl，其中含有：1×PCR 反应缓冲液、1.5mmol/L$MgCl_2$、四种 dNTPs 各 200μmol/L、两种引物各 0.2～1μmol/L、DNA 模板、Taq DNA 聚合酶，最后确定 ddH_2O 体积补至终体积。而 PCR 反应体系的加样顺序则以此为：ddH_2O、10×缓冲液、$MgCl_2$、dNTPs、两种引物 DNA 模板和 DNA 聚合酶。

2. 反应步骤 依据设计的循环参数进行扩增：变性：90～94℃，30～50 秒；退火：25～65℃，40～60 秒；延伸：70～74℃，30～120 秒；反复循环 25～35 次。末次循环后，在延伸温度再延时 10min。

3. 结果检测 取 PCR 扩增产物 5～10μl，加 1～2μl 上样缓冲液，于适当浓度的琼脂糖凝胶中进行电泳分析。为确定扩增产物是否符合设计要求，需选择合适分子量 DNA 标准进行平行电泳。

四、PCR 引物设计原则

PCR 作为一个体外酶促反应，其效率取决于两个动力学因素：①引物与模板的特异性结合；②聚合酶对引物的有效延伸。引物设计在 PCR 实验中占有十分突出的地位。引物设计的目的是要达到两个目标，即理想的扩增特异性和扩增效率。

（一）引物设计的一般原则

较好的引物在结构和组成上应满足以下条件：

1. 引物长度　寡核苷酸引物的长度应在 15～30bp，其 T_m 值可以用以下公式计算：

$$T_m = 4（G + C）+ 2（A + T）$$

这些寡核苷酸引物适于不含序列变异的、靶位确定的标准 PCR。引物长度增加，能提高特异性，但是在退火时被引发的模板会减少，而降低反应效率。

2. 引物中碱基的分布　应当是随机的，避免一连串单个碱基或其他不常见的结构。选择缺乏单一核苷酸的区域作为引物序列，这样可以减少广范围引物-引物同源的机会。同时，也要注意引物对在长度和碱基组成上的平衡，使两个引物的 T_m 值相差在 2～3℃范围内。

3. GC 含量　一对引物的 GC 含量和 T_m 值应该协调，G+C 含量一般为 40%～60%，如含有 50%的 G+C 各 20 个碱基的寡核苷酸链的 T_m 值大概在 56～62℃范围内，这样可为有效退火提供足够热度，根据公式 T_m=4（G+C）+2（A+T），可估计引物 T_m 值，T_m 值最好接近 72℃。

4. 引物的 3′末端和 5′末端核苷酸　引物 3′末端是 PCR 延伸的起始端，不能进行任何修饰，也不能有形成二级结构的可能，一般 3′端也不能发生错配引物；此外，3′端的末位碱基在很大程度上影响着 Taq DNA 聚合酶的延伸效率。末位碱基在错配时，不同碱基的引发效率存在很大的差异，最好选择 T、G、C，而不要选 A。引物 5′端仅起限定 PCR 产物长度的作用，它对扩增特异性影响不大，可以被修饰（如加上合适的酶切位点）而不影响扩增的特异性。

5. 避免引物自身和引物之间的互补　引物自身和引物之间均应避免互补序列或互补性，尤应避免 3′端的互补重叠。一般来讲，引物自身连续互补碱基不能超过 3 个，一对引物间也不宜多于 4 个连续碱基的互补性。

（二）采用计算机软件辅助设计引物

由于影响引物的设计的因素比较多，所以常常利用计算机来辅助设计。现在有商品化的或免费的计算机软件程序，可用来在确定的区域中选择引物序列。常用的有 primer 系列软件。

五、PCR 影响因素

理想的 PCR 反应应该是特异、高效和忠实的。高度特异的 PCR 反应只产生一个扩增产物；而扩增反应越有效，经过相对少的循环会产生更多的产物。为了得到理想的 PCR 扩增效果，必须注意以下几个方面。

（一）模板

PCR 对模板的要求不高，但样品中不能混有蛋白酶、核酸酶、Taq DNA 聚合酶抑制剂以及能与 DNA 结合的蛋白质。

不同来源的核酸标本，如临床标本（血液、痰液、尿液、粪便、体腔积液）、法医学标本（血斑、毛发、精斑等）、病理标本以及考古标本等，可以选用不同的方法直接提取 DNA。无论标本来源如何，扩增核酸均需要纯化，操作过程应避免 DNA 的降解。通过对模板 DNA 进行透析、乙醇沉淀、氯仿抽提和（或）用适当的树脂进行层析等净化处理后可解决 PCR 过程中遇到扩增产率过低或者错误的扩增产物等问题。

（二）引物

引物是待扩增核酸片段两端的已知序列，它决定了 PCR 扩增产物的大小。引物的选择是整个 PCR 扩增反应成功的关键因素。理想的引物应该有效地与靶序列杂交，而与出现在模板中的其他相关序列不能杂交或可以忽略。

1. 引物合成 一般将引物序列交由公司合成，合成的引物必须经聚丙烯酰胺凝胶电泳或反向高压液相层析（HPLC）纯化，以减少发生非特异扩增和信号强度的降低，冻干引物可以在常温下运输。

2. 引物的储存 冻干引物于－20℃可以保存 12～24 个月，甚至更长；液体状态于–20℃可以保存 6 个月或更长。一般用纯水将引物配成高浓度的储液（如 100 μmol/L），并分装保存。

3. 引物浓度 两条引物一般各在 0.1～0.5μmol/L，浓度太高会引起错配及非特异性产物扩增，且可增加引物之间形成二聚体的概率及造成浪费，太低则可能达不到扩增效果或产量太低。

（三）循环参数（包括温度和时间）

1. 变性的时间和温度 变性一步很重要，模板 DNA 和 PCR 产物的变性不充分是 PCR 失败的重要原因。不同的 DNA 解链温度不同，这是由于 DNA 中 G-C 与 A-T 的比例不同引起的。G-C 比例大，则解链温度高。一般地讲，G-C 含量每增加 1%，解链温度增加 0.4℃。哺乳动物基因组中 DNA 含 40% G-C 时，T_m≈87℃；含 60% G-C 时，T_m≈95℃。如果变性温度低于 90℃，则 DNA 变性不完全；但温度太高或反应时间过长，又会导致 Taq DNA 聚合酶活性损失——Taq DNA 聚合酶活性半衰期 92.5℃为 2h 以上，95℃为 40min，97℃为 5min。变性温度一般设置在 90～95℃，既能保证使 DNA 双链模板变性，又能保持 Taq DNA 聚合酶活力。

2. 退火的时间和温度 引物的退火温度和时间取决于反应体系中的基本组成以及扩增引物的长度和浓度。引物与模板的退火温度由引物的长度及 G-C 含量决定，引物长度为 15～25bp 时，其退火温度一般应低于引物 T_m 值 5℃左右。退火温度的范围一般在 25～65℃之间，增加退火温度可减少引物与模板之间的非特异性结合，提高 PCR 反应的特异性；降低退火温度则可增加 PCR 反应的敏感性。在典型的引物浓度（如 0.2μmol/L）时，退火时间一般为 40～90 秒，时间过短会导致引物与模板 DNA 互补配对失败。

3. 延伸的时间和温度 延伸时间的长短取决于模板序列的长度和浓度以及延伸温度高低。TaqDNA 聚合酶催化 DNA 合成的温度以 70～80℃为宜。在 75～80℃条件下，延伸速度约为 150 核苷/（s·酶分子）；70℃时为 60 核苷/（s·酶分子）；55℃为 24 核苷/（s·酶分子）；而高于 90℃时，DNA 合成几乎不能进行。因此，延伸一般在 70～74℃下进行，在 72℃时核苷酸补位的速率约为在 35～100 核苷酸/秒。延伸速度还取决于缓冲液组成和 pH、盐浓度和模板的性质，一般延伸 30～90 秒。

4. 循环次数 当其他参数选定之后，循环参数主要取决于模板 DNA 的浓度——以既达到扩增效果又尽量减少非特异性产物的扩增为原则。PCR 的循环次数一般在 25～35 次，循环次数过多将增加非特异产物；循环次数太少，则产率偏低。因此在得到足够产物的条件下应尽量减少循环次数。

不同模板浓度对应的循环次数参考值见表 10-1：

表 10-1　模板浓度与循环次数参考值

模板分子数	3×10^5	1.5×10^4	1×10^3	50
循环次数	25～30	30～35	35～40	40～45

（四）Taq DNA 聚合酶及其浓度

在 PCR 反应体系中 Taq DNA 聚合酶用量为 1～2.5U/100μl。然而，由于模板、引物以及其他条件的差别，则聚合酶的使用量亦有差异；由于生产厂使用的配方、制造条件以及活性定义不同，不同厂商供应的 Taq 酶的性能有所不同。

可根据电泳的结果决定酶的最佳用量。若用酶的浓度偏高，非特异性的产物将会增加，若用酶的浓度偏低，则合成产物的量减少。

需要特别注意的是 PCR 扩增过程中存在有 dNTPs 错误掺入的可能性，Taq DNA 聚合酶错配的概率约为万分之二。而且 Taq 酶没有 3′→5′外切核酸酶活性，所以如果发生 dNTPs 的错误掺入时，这种酶没有校正能力，任何错误都将保留在最后的结果中，这在利用 PCR 产物进行 DNA 序列分析时需要引起高度的注意。如果有必要，尤其是在利用 PCR 产物进行基因克隆时，可以选择高保真的 DNA 聚合酶，但使用时需在普通 PCR 反应基础上重新调整参数和用量。目前已经有很多经过基因工程改造的 DNA 聚合酶实现了商品化，可以根据需求选择最适合的 DNA 聚合酶。

（五）镁离子浓度

Mg^{2+}的浓度对 PCR 产物的特异性和产量影响明显。过量的 Mg^{2+}会导致酶催化非特异产物的扩增；而 Mg^{2+}浓度过低，又会使 Taq 酶的催化活性降低。一般 Mg^{2+}浓度在 0.5～2.5mmol/L 之间。

（六）dNTPs

dNTPs 原液一般从公司购买。这些原液去除了可能抑制 PCR 反应的磷酸盐，并用 NaOH 调整 pH 到 8.1（碱性环境在某种程度上可防止原液冷冻与融化时损坏 dNTPs 分子结构）。4 种 dNTPs 贮存液浓度为 10mmol/L，分装后存放在−20℃冰箱中，避免反复冻融。使用 dNTPs 工作储存液为 1mmol/L。4 种 dNTPs 在反应中浓度相等，一般使用浓度在 20～200μmol/L 之间，浓度过高会抑制 Taq 酶活性，且引起 Taq 酶催化错配；使用较低的 dNTPs 浓度，可减少在非靶位置启动和延伸进核苷酸错误掺入。

（七）平台效应

平台效应（plateau effect）是指 PCR 循环后期，合成产物到达 0.3～1pmol/L 水平，由于产物的堆积，dNTPs、引物及 Taq DNA 聚合酶的消耗等原因，使产物原以指数增加的速率逐渐变成平坦曲线。这时扩增 DNA 片段的增加减慢进入相对稳定状态，再增加 PCR 的循环次数也不能增加目的 DNA 片段。欲在达到“平台期”以前增加目的 DNA 片段的积累，并尽量避免或减少非特异产物的产生，合理的 PCR 循环次数是必要的。

平台效应取决于反应条件和热循环，如下列的因素：①dNTP 或引物等消耗；②反应物的稳定度（dNTPs 或酶）；③最终产物的阻化作用（焦磷酸盐、双链 DNA）；④非特异性产物或引物二聚体参与竞争作用；⑤在浓度大于 10^{-8}mol/L 时特异产物的重退火（延伸效率降低、Taq DNA 聚合酶消耗、产物链分叉、引物移位等）；⑥变性和在高产物浓度下产物分离不完全。

（八）抑制剂

PCR 反应体系中任何成分过量存在都有可能成为抑制因素。常见的抑制剂有蛋白酶 K（降解 DNA 聚合酶）、苯酚和 EDTA。

六、PCR 扩增过程中的一些疑难问题与解决方法

（一）扩增的目的产物条带较弱或不能检测

（1）怀疑是 PCR 仪有故障或程序设置错误，可以在不同的 PCR 仪上重新进行 PCR 反应或重新设置程序；

（2）优化循环参数：如降低退火温度、延长循环次数等；如果考虑是变性不彻底，可以增加变性时间或者设置更高的变性温度，还可以有助于变性的增强剂如 10%DMSO、5%PEG6000 或 10%甘油等；

（3）优化 Mg^{2+}、引物、模板 DNA 和 dNTPs 的浓度；检测反应体系中 pH；

（4）最好应用新鲜制备的 DNA 模板，或者重新纯化模板以祛除抑制剂；

（5）如果是扩增的片段太长，则考虑选用那些能够扩增大片段 DNA 的热稳定 DNA 聚合酶；

（6）如果是引物序列的问题，则考虑重新设计引物。

（二）出现非特异性产物

（1）增加退火温度，减少退火及延伸时间；

（2）优化 Mg^{2+}、模板 DNA、DNA 聚合酶及 dNTPs 的浓度；

（3）确证引物的浓度，如果必要，可优化引物的浓度；若问题仍然存在，重新设计引物。

（三）PCR 污染

PCR 污染是由可被引物扩增的外源 DNA 进入 PCR 反应体系所致。PCR 技术的敏感性极高，极微量的污染即可导致假阳性的产生。PCR 污染主要是随机污染，包括 PCR 反应前污染及反应后污染。

1. PCR 反应前污染 主要是样品 DNA 的交叉污染。提取 DNA 使用的仪器上残留的杂质、DNA 或反应管中残留的 PCR 产物、PCR 操作者皮肤或头发等均可引起样品污染。其中 PCR 产物的污染（亦称残留污染，carryover）是引起样品交叉污染的主要因素。明胶、Taq DNA 聚合酶等 PCR 反应试剂等均有可能带有杂质 DNA，因此亦可导致 PCR 反应前污染。

2. PCR 反应后污染 PCR 反应后污染主要来自于 PCR 产物检测过程，如电泳上样、点杂交点样时加样器吸头之间的污染等。

3. 污染的预防　进行 PCR 反应时，遵照下列规则有助于防止 PCR 的污染。

（1）如有可能，应在装有紫外灯的层流式工作台内进行 PCR 反应。凡不用工作台时应打开紫外灯。应使工作台内始终置有 PCR 专用和微量离心机、一次性手套、整套移液器和其他必需品。由于自动移液器的管部是常见的污染源，因此配液和移液时应当使用配有一次性吸头和活塞的正向排液式移液器。所有缓冲液，吸头和离心管使用前必须经过高压处理。

（2）一旦进入 PCR 反应的专用场所并开始工作，就应戴上一副新手套，并应勤于更换。

（3）准备专供自己使用的成套试剂，分装为小份，而且最好在靠近工作台的冰箱中设立专门位置来保存。这些试剂不能用于其他用途。配制这些试剂时，要用从未接触过实验室内所用任何 DNA 的新玻璃用具和移液器。使用后便将这一小份全部废弃，不得重新置存。

（4）装有 PCR 试剂的微量离心管打开之前，应先在专用工作台内的微量离心机上作瞬时离心（10 秒），这样可使液体沉积于管底，从而减少污染手套或加样器的机会。

（5）最好在加完所有其他反应成分，包括防止蒸发用的矿物油后才吸加模板 DNA，将模板加入微量离心管后，盖好离心管并用戴有手套的手指轻轻弹击管侧壁，以混匀液体。再作瞬时离心（10 秒），使水相和有机相分开。

（6）将模扳 DNA 加入 PCR 系统时，注意切勿形成喷雾，后者有可能污染别的反应。所有并非即用管都应盖严。拿过模板 DNA 管后应更换手套。

（7）每一次试验都需要设置严格的对照。阳性对照反应即由少量适当的靶序列参与的 PCR。阴性对照是阴性模板或不加模板的 PCR。

（8）经常处理仪器设备等潜在的 PCR 污染源。紫外线照射可以处理试剂或设备上的 DNA 污染物。因为紫外线可使 DNA 中相邻的嘧啶碱基形成二聚体，从而使它们失去了作为 PCR 模板的能力。工作区、微量离心管的非金属表面和 PCR 仪可用弱漂白粉溶液去污染。

第二节　逆转录 PCR 技术

PCR 反应是以 DNA 为模板进行 DNA 扩增的，许多情况下我们需要得到与 mRNA 序列相对应的扩增产物。首先需进行逆转录反应，以 mRNA 作为模板，在含有 dNTPs 及相应引物的反应体系中，在逆转录酶的作用下合成 cDNA（complementary DNA）链。再以新合成的 cDNA 单链作为靶 DNA 进行 PCR 扩增，从而得到相应的 DNA 片段，用于获得目的基因或检测基因表达。这是逆转录 PCR（reverse transciptase-PCR，RT-PCR）的基本模式，即从 mRNA 扩增 cDNA 拷贝的方法（图 10-1）。

RT-PCR 使 RNA 检测的灵敏性提高了几个数量级，使一些极为微量 RNA 样品分析成为可能。该技术主要用于：分析基因的转录产物、获取目的基因、合成 cDNA 探针、构建 RNA 高效转录系统。

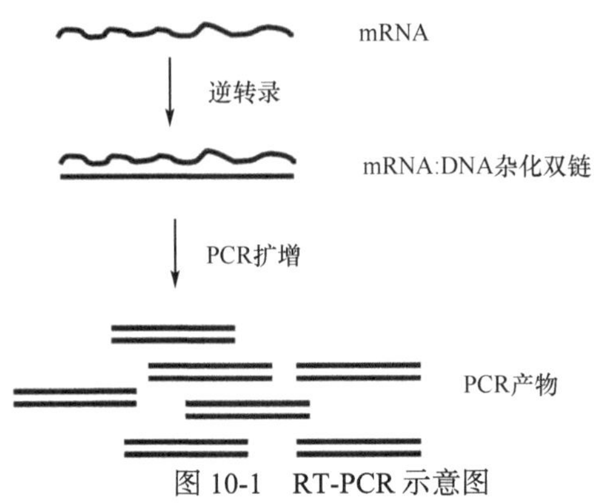

图 10-1 RT-PCR 示意图

一、RT-PCR 反应基本步骤

（一）RNA 提取

即从组织或细胞中提取总 RNA。可以采用自配试剂或商品化的试剂（如 TriZol）提取 RNA。主要原理是用强变性剂如硫氰酸胍溶液迅速溶解蛋白质、导致细胞破碎，核蛋白由于其二级结构的破坏从核酸上解离下来；RNA 酶可被硫氰酸胍和还原剂如-巯基乙醇所灭活；以及在酸性 pH 时 DNA 不溶而 RNA 可溶的差异，用酸性 pH 的酚抽提细胞裂解物时，DNA 会随蛋白质一起除去而 RNA 仍在水相中，经乙醇沉淀和离心回收，便可得到纯的总 RNA。

获得纯化的 RNA 溶液后，取少许通过紫外分光光度法测定 OD_{260} 和 OD_{280}，以确定 RNA 的浓度和纯度。

（二）逆转录反应获得 cDNA 第一链

逆转录反应是利用逆转录酶催化 dNTP 在 RNA 模板指引下的聚合，生成 RNA/DNA 杂化双链。

1. 逆转录酶（reverse transcriptase）

（1）鸟类成髓细胞瘤病毒（AMV）和鼠白血病病毒莫勒尼株（Mo-MLV）来源的中温酶，最适温度分别为 42℃和 37℃。这两种酶要求以 RNA 或 DNA 为模板，并且要求具有带 3′羟基基团的 RNA 或 DNA 引物。由于缺乏 3′→5′核酸外切酶活性，故在聚合过程中易发生错配。此外，这两种酶的 dNTP 底物 K_m 值很高，因此为了保证 RNA 模板完全转录，在反应体系中需维持高浓度的 dNTP。此外，AMV 来源的逆转录酶具有高的 RNA 酶 H 活性，因而易于消化延伸 DNA 链的 3′端附近的 RNA 模板，从而抑制的 cDNA 产生及限制其合成长度。Mo-MLV 逆转录酶的 RNA 酶 H 活性相对较弱，但由于适宜聚合的温度低，故对于含有二级结构的 RNA 模板可能会稍有不利。

（2）缺乏 RNA 酶 H 活性的 Mo-MLV 逆转录酶突变体。这类酶是较野生型酶对模板 RNA 分子的转录效率更高、合成分子的长度更长；还能在高温（可达 50℃）下工作，因此对于含有二级结构的 RNA 模板更为有利。

（3）嗜热热稳定 TthDNA 聚合酶。这种酶是一种由嗜热真菌来源的在 Mn^{2+}存在条件显示逆转录酶活性的高温酶。它的优点在于能在逆转录和 PCR 扩增两个阶段均起作用。但也有明显的缺点，如合成的 cDNA 链平均长度仅为 1～2kb，以及因为 Mn^{2+}的存在导致低保真度；而且，该酶反应体系不能应用 oligo dT 或随机六核苷酸作为引物，因为在该酶的最适温度下这两种引物不能与 RNA 模板形成稳定的杂合体。

2. cDNA 第一链的合成可以用一种基因特异性引物（GSP）、oligo dT 或随机六核苷酸作为引物

（1）oligo dT：即多聚脱氧胸苷酸，能与哺乳动物 mRNA 的 3′端 poly A 尾相结合，使 mRNA 特异性地被转录。oligo dT 作为一种通用引物能用于常规的 cDNA 第一链合成，因而在 RT-PCR 反应中广泛应用。由于 poly A^+ RNA 仅占总 RNA 的 1%～4%，故此种引物合成的 cDNA 比随机六聚体作为引物和得到的 cDNA 在数量和复杂性方面均要小。

（2）特异性引物：最特异的引发方法是用含目标 RNA 的互补序列的寡核苷酸作为引物，若 PCR 反应用二种特异性引物，第一条链的合成可由与 mRNA 3′端最靠近的配对引物起始。用此类引物仅产生所需要的 cDNA，导致更为特异的 PCR 扩增。

（3）随机六核苷酸：是能够沿着 RNA 模板的许多位点引导 cDNA 合成，并产生 RNA 分子总体中的许多片段的拷贝。尤其是在靶 RNA 序列很长或包含很多二级结构使其他引物无法有效引导 cDNA 合成时。用此种方法时，体系中所有 RNA 分子全部充当了 cDNA 第一链模板，因此需要 PCR 扩增引物有较高的特异性。通常用此引物合成的 cDNA 中 96%来源于 rRNA。

（三）PCR 反应实现 cDNA 扩增

采用针对靶序列设计的引物，以 cDNA 为模板，进行目标序列的扩增。原理和方法见第一节。

二、RT-PCR 注意事项

1. 防止 RNA 酶污染　在所有 RNA 实验中，最关键的因素是分离得到全长的 RNA。而实验失败的主要原因是核糖核酸酶（RNA 酶）的污染。由于 RNA 酶广泛存在而稳定，一般反应不需要辅助因子。因而 RNA 制剂中只要存在少量的 RNA 酶就会引起 RNA 在制备与分析过程中的降解，而所制备的 RNA 的纯度和完整性又可直接影响 RNA 分析的结果因此在抽提过程中，必须最大限度地降低细胞破碎过程中所释放的 RNA 酶活性；同时避免偶然引入实验室内其他潜在的痕量 RNA 酶。

避免 RNA 酶污染应注意的事项包括：

（1）实验器皿的处理：灭菌的一次性使用的塑料制品基本上无 RNA 酶，可以不经预处理直接用于制备和储存 RNA；玻璃器皿必须于 180℃干烤 6h 或更长时间；塑料制品可用氯仿冲洗。或者将玻璃和塑料器皿用 RNA 酶的强抑制剂 0.1%焦碳酸二乙酯（DEPC）的水溶液浸泡过夜，之后将器皿经高压蒸汽 1.034×10^5Pa 处理 15min，以除去器皿上痕量的 DEPC。因为 DEPC 可通过羧甲基化作用进行修饰。另外需注意的是，DEPC 可与胺类迅速发生化学反应，因此不能用来处理含有 Tris 一类的缓冲液，因此尽量用新的未开封的 Tris 晶体来制备无 RNA 酶的溶液。

（2）用经过处理的水和器皿配制试剂。抽提过程需要的试剂和器皿单独存放，为 RNA

实验专用。

（3）防止实验人员造成的污染：RNA 酶最主要的潜在污染源是实验人员的手。因此，在准备分离和分析 RNA 的材料和溶液时，应戴一次性手套。并在接触其他物品后，随时更换。

2. 使用 RNA 酶抑制剂 常用的 RNA 酶抑制剂包括：

（1）焦磷酸二乙酯（DEPC）：是一种强烈但不彻底的 RNA 酶抑制剂。它通过和 RNA 酶的活性基团组氨酸的咪唑环结合使蛋白质变性，从而抑制酶的活性。

（2）异硫氰酸胍：目前被认为是最有效的 RNA 酶抑制剂，它在裂解组织的同时也使 RNA 酶失活。它既可破坏细胞结构使核酸从核蛋白中解离出来，又对 RNA 酶有强烈的变性作用。

（3）氧钒核糖核苷复合物：由氧化钒离子和核苷形成的复合物，它和 RNA 酶结合形成过渡态类物质，几乎能完全抑制 RNA 酶的活性。

（4）RNA 酶的蛋白抑制剂（RNasin）：从大鼠肝或人胎盘中提取得来的酸性糖蛋白。RNasin 是 RNA 酶的一种非竞争性抑制剂，可以和多种 RNA 酶结合，使其失活。

（5）其他：SDS、尿素、硅藻土等对 RNA 酶也有一定抑制作用。

3. 阴性对照 为了防止非特异性扩增，必须设阴性对照。

4. 内参的设定 主要为了用于靶 RNA 的定量。常用的内参有 G3PD（甘油醛-3-磷酸脱氢酶）、β-Actin（β-肌动蛋白）等。其目的在于避免 RNA 定量误差、加样误差以及各 PCR 反应体系中扩增效率不均一各孔间的温度差等所造成的误差。

5. PCR 不能进入平台期 出现平台效应与所扩增的目的基因的长度、序列、二级结构以及目标 DNA 起始的数量有关。故对于每一个目标序列出现平台效应的循环数，均应通过单独实验来确定。

6. 防止 DNA 的污染 采用 DNA 酶处理 RNA 样品；或者在可能的情况下，将 PCR 引物置于基因的不同外显子，以消除基因和 mRNA 的共线性。

第三节 PCR 技术进展

基于 PCR 基本原理，近年来 PCR 技术被大量改进，衍生了许多 PCR 新技术，如定量 PCR、巢式 PCR、反向 PCR、差异 PCR、多重 PCR、标记 PCR、锚定 PCR、原位 PCR、重组 PCR、免疫 PCR 等。这里主要介绍目前常用的荧光定量 PCR。

定量 PCR（quantitative PCR，Q-PCR）是在 PCR 定性技术基础上发展起来的核酸定量技术。根据 PCR 反应的指数增长特性，一些研究者通过改进方法来寻求扩增产物与样本中原始靶核苷酸之间量的关系，以达到后者进行定量之目的。

因为 PCR 反应每个循环的产物均成为下个循环的底物，并按指数级扩增，所以可用方程式 $Y=X(1+E)^n$ 来推算扩增产物，Y 代表 PCR 产物，X 指起始模板核苷酸的量，n 指反应循环数，E 只能在很有限的循环周期中保持相对恒定，通常是 20～30 个循环，随后扩增效应减慢直至为 0，扩增过程达平台期，此时，PCR 产物的积累依赖于投入的模板量。因此，在使用上述方程式前，必须用实验检测 PCR 扩增的指数增长特性。在 PCR 扩增的指数增长过程终止前循环数的多少取决于扩增效率 E 和起始样本的特异核酸序列丰度。对于一个给定的扩增片段，起始样本的含量越大，则指数扩增过程越短。而 E 取决于诸多因素，包括引物和扩增序列的特性、组分的浓度以及 PCR 反应温度等。其中特别是 DNA 聚合酶量/模板量的比值，它可能会随着热循环仪上标本位置或不同临床标本中某个 DNA 聚合酶抑制的出现而变化。即使在同一条件、使用一试剂的条件下，管与管之间的扩增效率也可能发生变异。影响 E 的因素中任何微小的差异将导致特异 PCR 产物水平的极大变化。

定量 PCR 技术有广义概念和狭义概念。广义概念是指以外参或内参为标准，通过对 PCR 终产物的分析或 PCR 过程的监测，进行 PCR 起始模板量的定量。狭义概念的定量 PCR 技术（严格意义的定量 PCR 技术）是指用外标法（荧光杂交探针保证特异性）通过监测 PCR 过程（监测扩增效率）达到精确定量起始模板数的目的，同时以内对照有效排除假阴性结果（扩增效率为零）。在 PCR 定量体系中，存在相对定量和绝对定量的问题。相对定量的目的是评估样品间核酸含量的差异，绝对定量的目标是确定某个样品准确的分子数。在 DNA 水平，因为很容易获得精确对照，易于获得绝对数值。而大多数 mRNA 含量在整个细胞周期中变化很大，且很难获得精确的 RNA 对照，所以 mRNA 的相对定量的被广泛应用。

目前最常用的定量 PCR 技术是实时荧光定量 PCR（real-time fluorescent quantitative PCR）。

实时荧光定量 PCR 就是通过对 PCR 扩增反应中每一个循环产物荧光信号的实时检测从而实现对起始模板定量及定性的分析。在实时荧光定量 PCR 反应中，引入了荧光化学物质，随着 PCR 反应的进行，PCR 反应产物不断累计，荧光信号强度也等比例增加。每经过一个循环，收集一个荧光强度信号，这样就可以通过荧光强度变化监测产物量的变化，从而得到一条荧光扩增曲线图。为了定量和比较的方便，在实时荧光定量 PCR 技术中引入了两个非常重要的概念：荧光阈值和 C_t 值（threshold value）。

荧光阈值是在荧光扩增曲线上人为设定的一个值，它可以设定在荧光信号指数扩增阶段任意位置上，但一般我们将荧光域值的缺省设置是 3～15 个循环的荧光信号的标准偏差的 10 倍。每个反应管内的荧光信号到达设定的域值时所经历的循环数被称为 C_t 值。C_t 值与起始模板的关系研究表明，每个模板的 C_t 值与该模板的起始拷贝数的对数存在线性关系，起始拷贝数越多，C_t 值越小。利用已知起始拷贝数的标准品可作出标准曲线，其中横坐标代表起始拷贝数的对数，纵坐标代表 C_t 值。因此，只要获得未知样品的 C_t 值，即可从标准曲线上计算出该样品的起始拷贝数（图 10-2）。

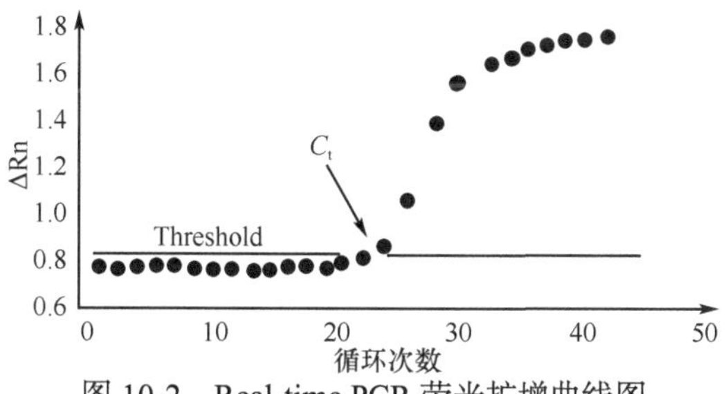

图 10-2 Real-time PCR 荧光扩增曲线图

实时荧光定量 PCR 的化学原理包括探针类和非探针类两种，探针类是利用与靶序列特异杂交的探针来指示扩增产物的增加，非探针类则是利用荧光染料或者特殊设计的引物来指示扩增的增加。前者由于增加了探针的识别步骤，特异性更高，但后者则简便易行。常用的监测染料或探针有以下几种：

1. SYBR Green Ⅰ SYBR Green Ⅰ是一种结合于小沟中的双链DNA结合染料。与双链DNA结合后，其荧光大大增强。这一性质使其用于扩增产物的检测非常理想。SYBR Green Ⅰ的最大吸收波长约为497nm，发射波长最大约为520nm。在PCR反应体系中，加入过量SYBR荧光染料，SYBR荧光染料特异性地掺入DNA双链后，发射荧光信号；而不掺入链中的SYBR染料分子不会发射任何荧光信号，从而保证荧光信号的增加与PCR产物的增加完全同步。

SYBR Green Ⅰ在核酸的实时检测方面有很多优点，由于它与所有的双链DNA相结合，不必因为模板不同而特别定制，因此设计的程序通用性好，且价格相对较低。利用荧光染料可以指示双链DNA熔点的性质，通过熔点曲线分析可以识别扩增产物和引物二聚体，因而可以区分非特异扩增，进一步地还可以实现单色多重测定。此外，由于一个PCR产物可以与多分子的染料结合，因此SYBR Green Ⅰ的灵敏度很高。但是，由于SYBR Green Ⅰ与所有的双链DNA相结合，因此由引物二聚体、单链二级结构以及错误的扩增产物引起的假阳性会影响定量的精确性。通过测量升高温度后荧光的变化可以帮助降低非特异产物的影响。由解链曲线来分析产物的均一性有助于分析由SYBR Green Ⅰ得到的定量结果。

2. 分子信标（molecular beacon） 分子信标是一种在靶DNA不存在时能形成茎环结构的双标记寡核苷酸探针。分子信标的茎环结构中，环一般为15～30bp长，并与目标序列互补；茎一般5～7bp长，并相互配对形成茎的结构。荧光基团连接在茎臂的一端，而淬灭剂则连接于另一端。形成茎环结构后，荧光基团与淬灭基团紧紧靠近。荧光基团被激发后不是产生光子，而是将能量传递给淬灭基团，这一过程称为荧光谐振能量传递（FRET）。由于淬灭剂的存在，由荧光基团产生的能量以红外而不是可见光形式释放出来。分子信标必须非常仔细的设计，以至于在复性温度下，模板不存在时形成茎环结构；模板存在时则与模板配对。与模板配对后，分子信标的构象改变使得荧光基团与淬灭剂分开。当荧光基团被激发时，它发出自身波长的光子（图10-3）。

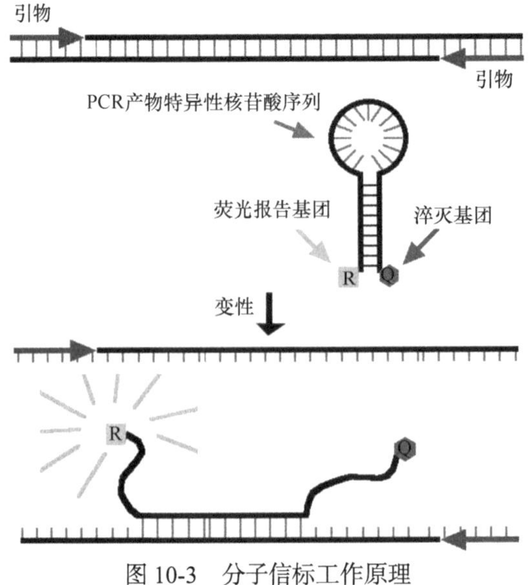

图10-3 分子信标工作原理

3. TaqMan 探针　TaqMan 探针是一种寡核苷酸探针，它的荧光与目的序列的扩增相关。它设计为与目标序列上游引物和下游引物之间的序列配对。荧光基团连接在探针的 5′末端，而淬灭剂则在 3′端。当完整的探针与目标序列配对时，荧光基团发射的荧光与 3′端的淬灭剂接近而被淬灭。但在进行延伸反应时，聚合酶的 5′外切酶活性将探针进行酶切，使得荧光基团与淬灭剂分离。随着扩增循环数的增加，释放出来的荧光基团不断积累。因此荧光强度与扩增产物的数量呈正比关系（图 10-4）。

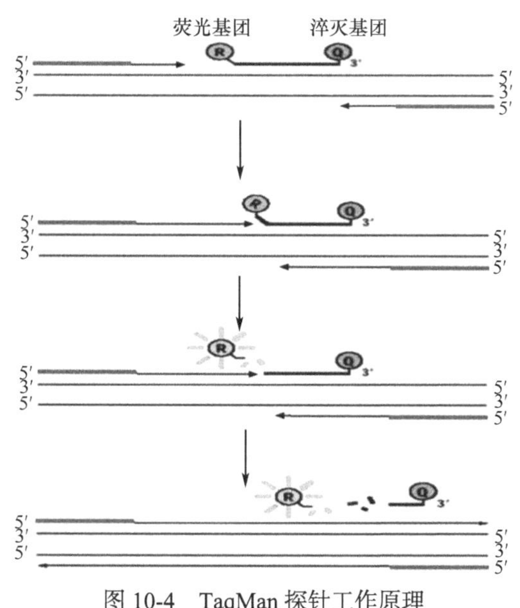

图 10-4　TaqMan 探针工作原理

与传统的 PCR 技术相比，实时荧光定量 PCR 技术的不足之处是：①由于运用了封闭的检测，减少了扩增后电泳的检测步骤，因此也就不能监测扩增产物的大小；②因为荧光素种类以及检测光源的局限性，从而相对地限制了实时荧光定量 PCR 技术的复合式（multiplex）检测的应用能力；③目前实时荧光定量 PCR 技术实验成本比较高，从而也限制了其广泛的应用。

实时荧光定量 PCR 技术是 DNA 定量技术的一次飞跃。运用该项技术，我们可以对 DNA、RNA 样品进行定量和定性分析。定量分析包括绝对定量分析和相对定量分析。前者可以得到某个样本中基因的拷贝数和浓度；后者可以对不同方式处理的两个样本中的基因表达水平进行比较。除此之外我们还可以对 PCR 产物或样品进行定性分析。例如，利用熔解曲线分析识别扩增产物和引物二聚体，以区分非特异扩增；利用特异性探针进行基因型分析及 SNP 检测等。目前，实时荧光 PCR 技术已经被广泛应用于基础科学研究、临床诊断、疾病研究及药物研发等领域。其中最主要的应用集中在以下几个方面：

1. DNA 或 RNA 的绝对定量分析　包括病原微生物或病毒含量的检测，转基因动植物转基因拷贝数的检测，RNAi 基因失活率的检测等。

2. 基因表达差异分析　例如比较经过不同处理样本之间特定基因的表达差异（如药物处理、物理处理、化学处理等），特定基因在不同时相的表达差异以及 cDNA 芯片或差显结果的确证。

3. 基因分型　例如 SNP 检测、甲基化检测等。

随着技术不断改进和发展。Real-time Q-PCR 未来的应用前景是令人鼓舞的，一方面 Real-time Q-PCR 技术与其他分子生物学技术相结合使定量极微量的基因表达或 DNA 拷贝数成为可能。另一方面荧光标记核酸化学技术和寡核苷酸探针杂交技术的发展以及 Real-time Q-PCR 技术的应用，使定量 PCR 技术有一个足够的基础为广大临床诊断实验室所接受，将有助于临床医生对疾病的诊断和治疗。

（袁　萍）

第四篇　分子生物学实验

第十一章　重组DNA表达载体的构建和鉴定

本章是以构建重组 DNA 表达载体为目的的分子生物学实验。包括载体质粒 DNA 的大量制备及电泳法确定其纯度和浓度；PCR 或 RT-PCR 法获得目的基因；经酶切、片段回收、连接实验获得重组 DNA 分子；转化实验将重组 DNA 导入宿主细胞中；最后通过质粒 DNA 的小量制备获得重组 DNA，经酶切、电泳、分子杂交等方法进行鉴定。所选择的目的基因是结核杆菌的 Ag85B 片段（1.0kb）或绿色荧光蛋白（0.7kb），相应的载体是 pVAC（3.7kb）和 pcDNA3.0（5.4kb）。

实验一　质粒 DNA 的大量制备与纯化

【实验目的】　学习大量快速制备和纯化质粒的方法，为下一步实验提供高纯度的质粒 DNA 样品。

【实验原理】　将细菌悬浮于葡萄糖等渗溶液中，加入 SDS 一类去污剂使细胞裂解。碱处理可破坏宿主染色体 DNA 氢键及碱基配对，使其断裂成线状；质粒 DNA 的碱基配对也被破坏，但 DNA 不会断裂，闭环的 DNA 链处于缠绕状态而不能彼此分开。加入乙酸钾缓冲液中和后，小分子的变性质粒 DNA 迅速复性为可溶性质粒 DNA，小分子 RNA 亦呈可溶状态，而变性的染色体 DNA 因分子量巨大而难以复性，随同高分子量 RNA 以及 K^+/SDS/蛋白质/膜复合物则在 0℃孵育时形成沉淀，可经离心除去。取上清经异丙醇沉淀后，即可得到质粒 DNA 的粗制品（仍含有大量的 RNA 和蛋白质等）。采用氯化锂（LiCl）沉淀和聚乙二醇（PEG）沉淀的方法纯化质粒。在 LiCl 存在下，大部蛋白质和 RNA 可形成沉淀，经离心去除，而质粒则不沉淀。进一步用 RNA 酶消化可除去残存的 RNA，随后质粒 DNA 在 PEG 存在下形成沉淀，核苷酸则不沉淀，经离心回收质粒 DNA。重新溶解质粒 DNA 后，用酚：氯仿：异戊醇抽提可除去 PEG 和残存的蛋白质。再经乙醇沉淀和离心回收，即可得到高度纯化的质粒 DNA。

【实验材料】

1. 仪器与器皿　恒温摇床、低温高速离心机、台式高速离心机、旋涡振荡器、–20℃冰箱、三角烧瓶、烧杯、量筒、刻度吸管、50ml 塑料离心管、Ep 管、Tip 头、微量加样器。

2. 菌种和培养基　大肠杆菌 DH5α（含 pVAC 或 pcDNA3.0），LB 培养基（含氨苄青霉素 100 μg/ml）。

3. 试剂

（1）溶液Ⅰ：50 mmol/L 葡萄糖/25 mmol/LTris-HCl pH8.0/10 mmol/L EDTA。

（2）溶液Ⅱ：0.2 N NaOH /1% SDS。

（3）溶液Ⅲ：5 mol/L 乙酸钾：冰乙酸：水，按 6∶1.15∶2.85 混合而成，所配溶液对钾是 3 mol/L，对乙酸根是 5 mol/L（pH=5.2）。

（4）TE 缓冲液（pH8.0）（10 mmol/L Tris-Cl，1 mmol/L EDTA，pH8.0）。

（5）1.6 mol/L NaCl，13% PEG（聚乙二醇 6000 或 8000）。

（6）RNase A 溶液，10 mg/ml。

（7）3 mol/L 乙酸钠（pH5.2），5 mol/L LiCl（氯化锂），TE 缓冲液饱和酚，氯仿：异戊醇，无水乙醇，异丙醇。

【操作步骤】

（1）将大肠杆菌的一个单菌落接种入盛有 200 ml LB 培养基（含 100μg/ml 氨苄青霉素）的 500ml 三角瓶中，置 37 ℃培养过夜（置摇床中，150r/min）。

（2）将培养物转入 50 ml 塑料离心管内，50 ml/管，于室温 3000 rpm 离心 10min。

（3）弃上清，将离心管倒立，使上清流净，用纸巾或吸水纸将液体吸干。

（4）加入 2 ml 溶液Ⅰ，悬浮细菌。

（5）加入 4 ml 溶液Ⅱ，盖上盖子，将离心管颠倒数次，混匀管内液体，边颠倒边旋转离心管，不要用旋涡振荡器，随后置于冰浴 5min。

（6）每管加入 3 ml 已在冰中预冷的溶液Ⅲ，振荡离心管数次，使溶液Ⅲ充分分散到黏稠的细菌裂解物中，随后置于冰浴 10min。

（7）2500 r/min 离心 10min，将上清转入另一支 50ml 离心管，加入 0.6 倍体积的异丙醇，混匀，室温放置 5～10min。

（8）2500 r/min 离心 10min，弃上清。加入 3 ml TE 缓冲液，溶解沉淀。

（9）加入等体积的 5 mol/L LiCl，混匀。置冰浴 10min。

（10）2500 r/min 离心 10min，将上清转入另一支 50 ml 离心管中，加入 0.6 倍体积的异丙醇。置室温 10min。

（11）2500 r/min 离心 10min，弃上清，将沉淀溶于总体积为 400 μl 的 TE 缓冲液中，转入一个 Eppendorf 管。

（12）加入 5μl RNase A 溶液（2μg/μl，用 TE 缓冲液稀释 10 mg/ml 贮存液而成），混匀，置 37 ℃温育 30min。

（13）加入等体积的 1.6 mol/L NaCl，13% PEG，混匀后置冰浴 10～20min。

（14）12 000 r/min，于室温离心 5min。

（15）吸弃上清，将沉淀溶于 400 μl TE 缓冲液中，加等体积酚∶氯仿∶异戊醇，振荡混合。10 000 r/min 离心 2min 后，将上清液转移到一新的管中。用酚∶氯仿∶异戊醇抽提两次，再用氯仿∶异戊醇抽提一次。

（16）将水相转入一个新的 Eppendorf 管，加入 0.1 倍体积的 3 mol/L 乙酸钠（pH 5.2）和 2 倍体积–20℃预冷的无水乙醇。置–20 ℃ 10～20min。

（17）12 000 r/min，室温离心 5min。弃上清。将 DNA 溶于 30 μl TE 缓冲液中，置 4℃或–20℃贮存。

【注意事项】

（1）用本方法制备和纯化的质粒可用于 DNA 探针的制备、DNA 重组以及哺乳类细胞的转染。室温低于 30 ℃时，这一方法的效果很好，如果室温高于 30℃，会增加切口环状

DNA 的量。在这种情况下，转染的效率会有所降低，但对限制酶酶切 DNA，DNA 探针制备和 DNA 重组则没有影响。

（2）在每一沉淀步骤中，待沉淀物质总是保持较高浓度，可使沉淀快而完全，浓度低时，沉淀总是需要较长时间。

（3）用这种方法可从多达 1000 ml 的细菌培养物中制备质粒，所花时间不到 8h，所制备质粒的量与其他方法相同。

（4）本方法中不必真空抽干 DNA。但仍需要特别注意，每当丢弃上清时，要除净管中所有液体。

（5）有些细菌株的细胞壁成分会散落到培养基中，这些成分可抑制限制性酶的活性，将细菌沉淀重悬于 5 ml STE（0.1 mol/L NaCl, 10 mmol/L Tris-HCl pH8.0, 1 mmol/ L EDTA）中，再进行离心，可避免上述问题，去掉 STE 后，将沉淀重悬于溶液 I 中。

（6）溶液II（0.2 N NaOH，1% SDS）必须新鲜配制，最好只使用一次，剩余的弃掉。

（7）高浓度 NaOH 和长时间碱处理会使超螺旋 DNA 发生不可逆变性，由此产生的环状卷曲型 DNA 不能被限制性酶切割，在琼脂糖凝胶电泳中的迁移率大约是超螺旋 DNA 的 2 倍，用溴化乙锭染色时着色很弱。

（8）在步骤（3）、（8）、（11）和（19）中，要特别注意除尽所有液体，否则将会影响限制酶的酶切效果。

（9）加入溶液III时，要把液体充分混合并在冰上孵育足够的时间，使沉淀完全，如果未充分将细菌裂解物与溶液III混匀，将会影响质粒 DNA 的纯度。

（10）在分子克隆的所有操作中，核酸的纯化甚为重要，其关键步骤是除去蛋白质，通常是用酚：氯仿和氯仿抽提核酸的水溶液。每当需要把克隆操作中某一步所用的酶灭活或去除以便进行下一步时，可进行这种抽提。

从核酸溶液中去除蛋白质的标准方法是先用酚：氯仿抽提，然后再用氯仿抽提。这一流程的原理是：使用两种不同的有机溶剂去除蛋白质比用单一有机溶剂效果更佳。此外，酚虽能有效地使蛋白质变性，却不能完全抑制 RNA 酶的活性，它还能溶解带有长 poly（A）段的 RNA 分子。使用酚：氯仿：异戊醇（25：24：1）混合液可以使这两个问题迎刃而解，继而用氯仿抽提则可以除去核酸制品中残留的痕量酚。

使用前必须对酚进行平衡使其 pH 在 7.8 以上，如果酚未被充分平衡至 pH 为 7.8～8.0，DNA 将趋于被分配到有机相。

（11）应用最为广泛的核酸浓缩法是乙醇沉淀。在中等浓度的单价阳离子存在下得以形成核酸沉淀物，可以通过离心回收并按所需浓度重溶于适当的缓冲液中。

主要的可变因素包括以下三种：

1）形成沉淀的温度：在 0℃且没有载体存在的情况下，DNA 也能形成沉淀，用台式离心机进行离心即可定量回收，对于浓度很低或片段很小（少于 100 个核苷酸）的 DNA，乙醇沉淀则应在更低的温度（–20℃或–70℃）下进行或持续更长的时间（2h 以上或过夜）。

2）在沉淀混合液中使用的单价阳离子的类型和浓度参见第六章。

3）离心的时间与速度：在 1ml 体积中的核酸沉淀物通常在台式高速离心机中经 12000 r/min 离心 15min 可定量回收，对于浓度很低或片段很小（少于 100 个核苷酸）的核酸，则需增大速度和延长时间使核酸紧贴在离心管底部。

（12）所含磷酸盐＞1 mmol/L 或所含 EDTA＞10 mmol/L 的缓冲液，不宜用于乙醇沉淀，因为这些物质可与核酸共沉淀，高浓度的磷酸盐离子和 EDTA 在乙醇沉淀前应通过常规柱层析或离心柱层析加以去除。

实验二 DNA 的纯度、浓度的测定

【实验目的】 学习 DNA 凝胶电泳技术，检测质粒 DNA 的纯度、浓度和分子量。

【实验原理】 DNA 浓度鉴定：采用紫外分光光度法。核酸在波长 260nm 时具有最大吸光度，对于 dsDNA：1OD=50μg/ml；对于 ssDNA 或者 RNA：1OD=40μg/ml；对于寡核苷酸：1OD=33μg/ml。

DNA 纯度鉴定：可根据 OD_{260nm}/OD_{280nm} 的比值进行鉴定。对于 DNA，此比值应为 1.8，如>1.8，表明有 RNA 污染，<1.8，表明有蛋白质或酚污染；对于 RNA，此比值应为 2.0，如<2.0，表明有蛋白质或酚污染。

DNA 分子量大小及构象分析：采用 DNA 凝胶电泳技术。溴化乙锭（EB）是一种荧光染料，在凝胶电泳中，胶中的溴化乙锭通过嵌入到 DNA 的碱基之间而形成荧光结合物，该结合物在紫外灯下受紫外光激发而发射荧光，其强度与 DNA 的含量呈正比。线状 DNA 在凝胶基质中的迁移率与其碱基对数目以 10 为底的对数值成反比，分子越大，则摩擦阻力越大，迁移率越慢，质粒 DNA 用单一切点的限制酶酶切后，与已知分子量大小的标准 DNA 片段进行电泳对照，根据电泳后 DNA 片段在凝胶中的位置，可获知样品 DNA 的分子量大小（见图 11-2-1）。在质粒 DNA 制备过程中，所提取的质粒大部分是呈超螺旋环状，一小部分质粒是带切口环状（两条链中有一条断裂）和线状（两条链在同一位点断裂），具有不同构象的 DNA 分子可通过凝胶电泳进行鉴定。在凝胶中分子量相同的三种构象的 DNA 的迁移率不同，在一般情况下，超螺旋环状 DNA 迁移最快，其次为线状 DNA，最慢的为带切口环状 DNA。

质粒 DNA 样品中如果还有染色体 DNA 或 RNA，在凝胶电泳上也可以分别观察到电泳区带，由此可分析样品的纯度。

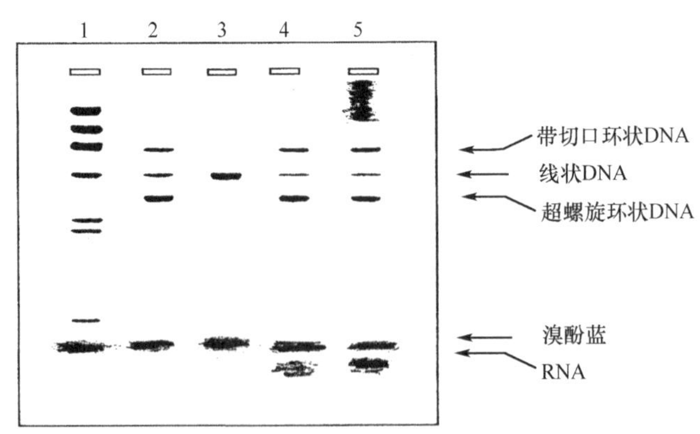

图 11-2-1 DNA 凝胶电泳

1. DNA 分子量标准；2. 纯化的质粒 DNA；3. 线性 DNA（以单一位点酶切的质粒 DNA）；4.未纯化的 DNA；5. 有染色体污染的 DNA

【实验材料】

1. 仪器与器皿 电泳仪、电泳槽、手提式紫外灯、三角烧瓶、烧杯、量筒、滴管、Ep

管、Tip 头、塑料手套、微量加样器、记号笔。

2. 实验样品　第十一章实验一中制备的质粒 DNA 样品。

3. 试剂　6×加样缓冲液（DNA 凝胶电泳用），10 mg/ml 溴化乙锭溶液，TAE 电泳缓冲液。

【操作步骤】

（1）用胶带纸将电泳装置所配备的塑料制胶盘的边缘封住，形成一个胶模，将胶模放在工作台的水平位置。

（2）配制足够灌满电泳槽和制备凝胶所需的电泳缓冲液（1×TAE）。在已加有一定量的电泳缓冲液的三角烧瓶中加入准确称量的琼脂粉。缓冲液不宜超过三角瓶容量的50%。

（3）在瓶颈松松地塞上纸巾或吸水纸，在沸水浴或微波炉中用最短的时间将悬浮液加热至琼脂糖融化，不时小心地摇动三角瓶，以使粘附在瓶壁上的颗粒均进入溶液，应核对溶液的体积在煮沸时是否由于蒸发而减少，必要时用水补充。

（4）将溶液冷却至 60℃，需要时加入溴化乙锭至终浓度为 0.5μg/ml，充分混匀。

（5）用滴管取少量琼脂糖溶液封固胶模边缘，任其凝固，放好点样梳，使点样梳的底部距胶模底板 0.5～1.0 mm，以便加入琼脂糖后可以形成完好的加样孔。如果梳子距离底板太近，则拔出梳子时孔底有破裂的危险，破裂后会使样品从凝胶与底板之间渗漏。

（6）将剩余的温热琼脂糖溶液倒入胶模中，凝胶厚度应在 3～5mm 之间，检查一下梳子的齿下或齿间是否有气泡。

（7）在凝胶完全凝固后（于室温放置 30～45min），小心移去梳子和胶带纸，将凝胶随胶模一起放入电泳槽中。

（8）加入恰好浸过胶面约 1 mm 深的足量电泳缓冲液。

（9）将 DNA 样品与加样缓冲液混匀后，用微量进样器将其慢慢加至加样孔中，此时凝胶已浸没在缓冲液中。

（10）将电泳槽与电泳仪正确连接，使 DNA 向正极移动，采用 1～5 V/cm 的电压降（按两极间距离计算），电泳时在正极和负极处会产生气泡（由于发生电解），几分钟后，溴酚蓝从加样孔中迁移到凝胶中。继续电泳直至溴酚蓝在凝胶中迁移出适当的距离。

（11）切断电源，从电泳槽上拔下电线，如果凝胶中有溴化乙锭，可在紫外灯下检查凝胶上 DNA 的区带，并进行拍照，反之，可将凝胶浸入含溴化乙锭（0.5 μg/ml）的水中 30～45min 进行染色，然后在水中浸泡 45min 将凝胶脱色，最后在紫外灯下观察实验结果。

【注意事项】

（1）影响 DNA 迁移率的因素

1）DNA 分子的大小：线状双链 DNA 分子在凝胶基质中的迁移率与其碱基对数目以 10 为底的对数值成反比，分子越大，则摩擦阻力越大，也越难于在凝胶孔隙中蠕行，因而迁移的越慢。

2）琼脂糖浓度：一个给定大小的线状 DNA 片段，其迁移率在不同浓度的琼脂糖凝胶中各不相同。采用不同浓度的凝胶可分辨大小不同的 DNA 分子，一般情况下可参考第三章第三节表 3-1。

3）DNA 的构象：质粒 DNA 有三种不同的构象（超螺旋环状、带切口环状和线状）。在本实验中（图 11-2-1），超螺旋环状 DNA 迁移率最快，其次是线状 DNA，带切口环状

DNA 的迁移率最慢。在适合于 DNA 的电泳条件下，不同大小的 RNA 具有相同的电泳速率，电泳后，在溴酚蓝稍前的位置可见 RNA 区带。

4）所加电压：在低电压时，线状 DNA 片段的迁移率与所加电压呈正比，但是，随着电场强度的增加，高分子量 DNA 片段的迁移率将以不同的幅度增长，因此，随着电压的增加，琼脂糖凝胶的有效分离范围缩小。要使大于 2kb 的 DNA 片段的分辨率达到最大，琼脂糖凝胶电泳的电压不应超过 5V/cm（该距离是指电极间的距离，不是指凝胶自身的长度）。

5）温度：在琼脂糖凝胶电泳中，不同大小的 DNA 片段的相对迁移率在 4～30℃之间不发生改变，凝胶电泳通常在室温进行，但是，浓度低于 0.5 %的琼脂糖凝胶和低熔点琼脂糖凝胶较为脆弱，最好在 4℃下电泳，此时它们强度最大。

6）嵌入染料的存在：荧光染料溴化乙锭用于检测琼脂糖中的 DNA，它会使线状 DNA 的迁移率降低 15%左右。染料嵌入碱基对之间，拉长线状和带切口环状 DNA，而且刚性更强。

7）电泳缓冲液的组成：电泳缓冲液的组成及其离子强度影响 DNA 的电泳迁移率，有几种不同的缓液可用于天然双链 DNA 电泳。在没有离子存在时，电导最小，即使 DNA 还能移动一点，也非常慢。在高离子强度的缓冲液中，电导很高并明显产热，最坏的情况是引起凝胶熔解且 DNA 发生变性。

（2）在电泳槽和凝胶中务必使用同一批次的电泳缓冲液，离子强度和 pH 的微小差异会影响 DNA 片段的迁移率。

（3）溴化乙锭是一种核酸的显色剂和强烈的诱变剂并有中度毒性，使用含有该染料的溶液时必须戴手套，溴化乙锭的贮存液应在室温下避光保存（用铝箔包裹的瓶子中）。

（4）紫外线对皮肤、眼睛均可造成损伤，为了减少受到照射，必须确保紫外光源受到适当遮蔽，并应戴护目镜或能有效阻挡紫外线的完全面具。

实验三　目的基因的获取

【实验目的】 学习获取目的基因的方法。

一、DNA 为模板的 PCR 扩增实验

【实验原理】 本实验中选用染色体 DNA 作为 PCR 扩增的模板 DNA。

（一）染色体 DNA 的制备

制备 DNA 的原则是要将蛋白质、脂类、糖类等物质分离干净，同时又要保持 DNA 分子的完整性。在提取 DNA 的反应体系中，SDS 可将细胞膜、核膜破坏、并将组蛋白从 DNA 分子上拉开，使核蛋白上的核酸游离。EDTA 可抑制细胞中 DNA 酶的活性。蛋白酶 K 可将所有蛋白降解成小分子肽或氨基酸，RNA 经 RNase 消化而去除，样品在上述反应体系中经保温处理后，再用酚或氯仿抽提，可进一步使蛋白质变性而与核酸分开。再经乙醇沉淀，可使得 DNA 分子尽量完整地分离出来。各种细胞样品中制备 DNA 的步骤稍有不同。本实验用小鼠肝脏制备模板 DNA。

（二）PCR 反应（见第九章）

【实验材料】

1. 仪器与器皿　电泳仪、电泳槽、手提式紫外灯、低温台式离心机、匀浆器、剪刀、镊子、Ep 管、Tip 头、塑料手套、微量加样器、记号笔。

2. 实验样品　小鼠。

3. 试剂

（1）裂解液：0.5%SDS，0.1M NaCl，0.05M Tris-HCl（pH 8.0），1mM EDTA，100ug/ml 蛋白酶 K（临用前加入）。

（2）TE 缓冲液：10mM Tris-HCl（pH7.4）；1mM EDTA；

（3）8M KA，苯酚，氯仿，无水乙醇，70%乙醇，RNA 酶：10mg/ml，3M NaAc（pH 4.8），蛋白酶 K：20mg/ml，加样缓冲液（DNA 凝胶电泳用），TAE 电泳缓冲液，PCR 反应试剂。

【操作步骤】

1. 染色体 DNA 的制备

（1）取肝组织 0.5g，剪碎，放入匀浆器中，加入 2ml TE 缓冲液。

（2）冰浴匀浆。

（3）取匀浆液 200μl 加入裂解液 200μl。

（4）加入蛋白酶 K 至终末浓度为 100μg/ml，65℃保温数小时或过夜，不时振摇。

（5）加入 75μl 8M KAC，混匀。在 4℃放置 15min。

（6）加入 250μl 氯仿，经充分振摇后，5000r/min 离心 5min，将上清液转入一新的 Ep 管。

（7）加入 750μl 无水乙醇，充分混匀，在室温下静置 5min。

（8）12 000r/min 离心 10min，弃去上清，沉淀用 500μl 70%乙醇洗一次，12 000r/min 再离心 5min，弃去上清，于室温将有 DNA 沉淀的 Ep 管敞开 15～30min，使残留乙醇挥发。

（9）将 DNA 沉淀溶于 100μl TE 缓冲液，加 RNA 酶 1μl，在 37℃中放置 30min。

（10）用等体积的酚/氯仿抽提一次，10 000r/min 离心 2min。

（11）取上清，加入 1/10 体积的 NaAc（pH4.8）和 2 倍体积的无水乙醇，混匀。

（12）12 000r/min 离心 10min，弃去上清，沉淀用 500μl 70%乙醇洗一次，12 000r/min 再离心 5min，弃去上清，于室温将有 DNA 沉淀的 Ep 管敞开 15～30min。使残留乙醇挥发。

（13）取 1μl 样品用 500μl 双蒸水稀释，在 260nm 和 280nm 处测 OD 值。鉴定样品纯度并计算其含量。

（14）将 DNA 溶液保存于−20℃备用。

2. PCR 反应

（1）按以下次序将各组分在 0.5ml 灭菌的 Ep 管内混合

纯水	15μl
10×扩增缓冲液	2.5μl
$MgCl_2$ 溶液	1.5μl
dNTP 混合物	1μl
引物 1	1μl

引物 2　　1μl

模板 DNA　　1μl

TaqDNA 聚合酶　　1μl

总体积为 25μl，也可根据需要调整各组分的量或是设计 50μl 乃至更大的 PCR 反应体系。

（2）将反应管混匀，短暂离心。如果有必要，可以加入适量矿物油覆盖于反应液之上，这样可防止样品在反复加热、冷却的过程中蒸发。

（3）将反应管置于 PCR 仪上，设置反应参数（以下数值仅供参考）：

①热变性：94℃，5 min；②变性：94℃，45min；③退火：50℃，45min；④延伸：72℃，1min；⑤转入步骤②，循环 30 次；⑥延伸：72℃，10min。

PCR 扩增反应一般在自动 PCR 仪上进行，需要注意的是对条件的设置和连接不能有错（根据具体实验要求可修改上述条件）。

（4）PCR 反应完成后，即可取出进行电泳分析或置于−20℃保存。

（三）PCR 产物的凝胶电泳分析

PCR 反应后，通过琼脂糖凝胶电泳检测 PCR 是否产生片段及其大小，从而判断有无预期的特定片段长度的 DNA 扩增产物的生成，以分析 PCR 的效果及特异性，或者是判定有无特异性地扩增反应进行（这正是临床诊断的依据）。在电泳时，需同时采用分子量标准来作为对照。

二、RT-PCR——扩增由 mRNA 逆转录而成的 cDNA

【实验原理】 见第九章第二节。

【实验材料】

1. 仪器和耗材 见 PCR。

2. 试剂

Trizol 试剂：购买的商品化试剂，4℃保存；

异丙醇，氯仿：购置 RNA 提取的专用试剂，用前倒入 50ml 棕色瓶中；

DEPC 水：吸出 1ml 放在 1000ml 双蒸水中配成 1‰DEPC 水（以下所指 DEPC 水均为此浓度），放在 1000ml 容量瓶中静置 4r 备用；

75%乙醇：用无水乙醇+DEPC 水配，然后放−20℃保存（其中 DEPC 水需先高压消毒）。

Oligo dT，dNTPs，逆转录酶，反应缓冲液。

【操作步骤】

（一）RNA 的提取

（1）收集适量细胞，加入 1mlTrizol 试剂（或者直接将 Trizol 加入培养器皿中），室温下放置一段时间使细胞充分裂解；如果是组织块，则直接将 Trizol 加入匀浆器，进行匀浆。

（2）将裂解液转入一 Ep 管，加入 200μl 氯仿，振荡混匀，室温放置 5min。

（3）4℃离心，12 000 r/min，15 min。

（4）小心将上层水相转移到一新的 Ep 管中（不要将水相全部转出，大约 200～250μl

左右即可）。加入 500μl 异丙醇，振荡混匀，置于–20℃放置数小时。

（5）4℃离心，12 000r/min，15min。

（6）弃上清，加入 1ml75%乙醇，4℃离心，7500r/min，5min。

（7）弃上清，将沉淀干燥，加入适量 DEPC 水溶解 RNA。

（8）取 1μlRNA，加入适量 DEPC 水稀释后用紫外分光光度计测定 RNA 的浓度和纯度。其余 RNA 置于–20℃保存，并尽快用于逆转录反应。如需较长时间保存，则置于–70℃保存。

（二）逆转录反应

（1）取经处理的 Ep 管，加入：

RNA（1～4μg）

oligo dT　　1μl

加 DEPC 水至 15μl

于 70℃反应 5min，迅速置于冰上 1min 以上。此步的目的在于使 RNA 变性，去除局部的双链结构。

（2）继续加入：

5×反应缓冲液	5μl
dNTP 混合物	3μl
逆转录酶	1μl
RNA 酶抑制剂	1μl

混匀，置于 37℃水浴中反应 1h。之后，置于 85℃10 分钟，以灭活逆转录酶。

【注意事项】

（1）所有试剂均置于冰上，操作完毕迅速放于–20℃保存。

（2）如果有必要，可进一步进行 cDNA 第二链的合成。但通常，此时获得的逆转录产物已经可以用来作为 PCR 扩增的模板。

（三）PCR 扩增

（1）取干净的 PCR 反应管，依次加入：

纯水	16μl
10×反应缓冲液	2.5μl
$MgCl_2$ 溶液	1.5μl
dNTPs	1μl
引物 1	1μl
引物 2	1μl
cDNA	1μl
TaqDNA 聚合酶	1μl

混匀，短暂离心，将反应管置于 PCR 仪上，设置反应参数。

（2）PCR 产物电泳分析。

【注意事项】

（1）为了获得高质量的真核细胞 mRNA，必须最大限度地降低细胞破碎过程中所释放的 RNA 酶活性。同时，避免偶然引入实验室内其他潜在的痕量 RNA 酶也很重要。下面列举避免 RNA 酶污染问题的注意事项。

1）玻璃器皿、塑料器皿：灭菌的一次性使用的塑料制品基本上无 RNA 酶，可以不经预处理直接用于制备和贮存 RNA。实验室用普通玻璃器皿和塑料器皿经常有 RNA 酶污染，使用前玻璃器皿必须于 180 ℃干烤 8h 或更长时间，塑料制品用氯仿冲洗。另一种方法是用 0.1%焦碳酸二乙酯（DEPC）的水溶液浸泡用于制备 RNA 的烧杯、试管和其他用品。DEPC 是 RNA 酶的强烈抑制剂，但其作用并不是绝对的。灌满 DEPC 的玻璃或塑料器皿在 37 ℃放置 2h，然后用灭菌水洗数次，并于 100 ℃干烤 15 分钟，或经高压蒸汽 1.034×10^5 Pa 处理 15 分钟。上述处理可以除去器皿上残留的 DEPC，以防止 DEPC 通过羧甲基化作用对 RNA 进行修饰。

最好留出一批玻璃器皿、塑料器皿和电泳槽作上特殊标记，存放在指定地点，为 RNA 实验专用。

2）实验人员造成的污染：RNA 酶最主要的潜在污染源是实验人员的手。因此，在准备分离和分析 RNA 的材料和溶液时，应戴一次性手套。接触“脏的”玻璃器皿和其他物品以后，手套就可能沾染上 RNA 酶，因此进行 RNA 实验时应勤换手套。

3）污染的溶液：用高压灭菌的水和专用于 RNA 实验的化学试剂配制溶液，用干烤过的药匙称取试剂，将溶液装于无 RNA 酶的玻璃器皿，如有可能，溶液均应用 0.1% DEPC 于 37 ℃处理至少 2h，然后再加热至 100 ℃，15 分钟，或在 1.034×10^5 Pa 的高压蒸汽处理 15 分钟。

DEPC 可与胺类迅速发生化学反应，因此不能用来处理含有 Tris 一类的缓冲液，可存几瓶新的、未开封的 Tris 晶体以制备无 RNA 酶的溶液。

（2）RNA 酶抑制剂：一些 RNA 酶的抑制剂可用于抑制 RNA 制备物中残留的 RNA 酶的活性，这些抑制剂包括从人胎盘分离的 RNA 酶的蛋白质抑制剂和氧钒核糖核苷复合物。但这些抑制剂非常贵，通常用于逆转录或 mRNA 在无细胞体系中翻译。

（3）从最终所得溶液中取一小份测定 OD_{260} 值，可以确定 RNA 的浓度。OD_{260}= 1 的 RNA 溶液中，RNA 的浓度约为 40 μg/ml。

（4）在 PCR 反应中，引物的量是以 pmol 数表示的，而合成引物后，引物的量是以 OD 值表示的。因此，需经适当换算，才能配制适当浓度的引物溶液。换算公式如下：OD 值为 1 的引物为 33 μg。引物的分子量＝碱基数 × 330

$$\text{引物 pmol 数}=\frac{\text{OD值}\times33\times1000000}{\text{碱基数}\times330}=\frac{\text{OD值}\times100000}{\text{碱基数}}$$

实验四　DNA 的限制性内切酶消化

【实验目的】 学习用限制酶消化 DNA 的基本技术。这是制备 DNA 片段时必须进行的实验。在制备 DNA 探针或进行 DNA 的体外重组时，用限制酶消化 DNA 都是必不可少的技术。

【实验原理】 见第七章有关内容

【实验材料】

1. 仪器与器皿 恒温水浴箱、台式高速离心机、Ep 管、Tip 头、微量加样器。

2. 试剂　限制性内切酶及 10×限制酶缓冲液，前述实验获得的载体和目的基因，无菌重蒸水。

【操作步骤】

下列步骤适用于 50 μl 反应体积，其中含 10 μg DNA。如果待消化的 DNA 多于或少于 10 μg，反应体积可适当增减。

（1）将 DNA 溶液（含 10 μg DNA）加入一个无菌 Eppendorf 管中。

（2）加入 5 μl 适当的 10×酶切缓冲液，再补充足够的无菌双蒸水，使体积达 49 μl，敲击管底使液体充分混匀。

（3）从低温冰箱中取出限制酶（HindⅢ，XbaⅠ），立即置冰中，用带无菌吸头的微量加样器各取 1 μl 酶液，操作尽可能迅速，酶离开低温冰箱的时间越短越好，用完后立即将酶放回低温冰箱。

（4）将取出的酶加入 Eppendorf 管中，敲击管底使溶液混匀，在台式高速离心机上以 5000r/min 离心数秒钟，将液体全部甩到管底。

（5）将反应物置于 37 ℃水浴箱中，保温 2～2.5h。

（6）酶解物直接用于实验五。

【注意事项】

（1）DNA 的纯度对限制酶消化非常重要。如果 DNA 中有蛋白质、RNA 等，将影响酶切。高浓度 EDTA 亦可抑制许多限制酶的活性，因 EDTA 螯合了反应系统中的 2 价阳离子（酶的激活剂），使酶的活性受到抑制，导致酶切反应减弱或停止。

（2）不同的限制酶生产厂家往往推荐使用不同的反应条件，甚至对同一种酶也是如此。由于大多数生产厂家都针对其特定酶制剂优化过反应条件，所以最好遵循与酶一起提供的说明书进行操作，某些厂家还同时提供浓缩的缓冲液，而这些缓冲液的效率已用每批纯化的酶制剂加以检验，故应尽可能采用之。

（3）不同限制酶的缓冲液主要差别在于其中所含 NaCl 的浓度。当要用两种或两种以上限制酶切割 DNA 时，如果这些酶可在同种缓冲液中作用良好，则两种酶可同时切割。如果这些酶所要求的缓冲液不同，则可采用以下两种方法：①先用在低离子强度的缓冲液中活性最高的酶切割 DNA，然后加入适量 NaCl 及第二种酶，继续温育；②用一种酶消化 DNA 后，以酚∶氯仿进行抽提，再经乙醇沉淀，将 DN A 重新溶解在适合于第二种酶的缓冲液，加第二种酶进行消化。

（4）限制酶十分昂贵，遵循以下建议可最大限度地节省。

1）限制酶在 50%甘油中保存于–20℃时是稳定的，进行酶切消化时，将除酶以外的所有反应成分加入后加以混匀，再从冰箱内取出贮酶管，立即放置于冰上。每次取酶时都应换一个无菌吸头，一旦限制酶中污染了 DNA 或其他酶，将造成财力和时间上的浪费，操作要快，用完后立即将酶放回冰箱，以使酶在冰箱外放置的时间尽可能缩短。

2）尽量减少反应中的加水量以使反应体积减到最小，但要确保酶体积不超过反应总体积的 1/10，否则，限制酶活性将受到甘油的抑制。

3）通常延长消化时间可使所需的酶量减少，这在切割大量 DNA 时可节约酶的用量。在消化过程中，可取少量反应液进行凝胶电泳以判断消化进程。

4）当用同一种酶切割多种 DNA 样品时，可计算出所需酶的总量（考虑到转移中的损失，估算的酶量可过量些），然后从贮酶管中取出所需酶，并用 1×限制酶缓冲液稀释，再将酶与缓冲液的混合物加到不同的消化反应液中。

实验五　从琼脂糖凝胶中分离回收 DNA 片段

【实验目的】 学习 DNA 片段的制备方法，为探针标记或进行 DNA 片段重组提供限制性 DNA 片段。

【实验原理】 从琼脂糖凝胶中分离回收 DNA 片段的方法很多（见第七章），本实验采用常用的酚抽提法进行 DNA 片段回收。

【实验材料】

1. 仪器与器皿 恒温水浴箱、台式高速离心机、冰箱、电泳仪、电泳槽、手提式紫外灯、滴管、Ep 管、Tip 头、微量加样器、扁头镊子、解剖刀、剪刀、塑料手套。

2. 试剂

TAE 电泳缓冲液，10 mg/ml 溴化乙锭，加样缓冲液（用于 DNA 电泳），3 mol/L 乙酸钠（pH5.2），TE 缓冲液（pH8.0），TE 缓冲液饱和酚，氯仿：异戊醇，无水乙醇，琼脂糖

【操作步骤】

（1）采用 1%琼脂糖（含 0.5 μg/ml 溴化乙锭）凝胶电泳分离 DNA 片段，使用长波长紫外灯确定目的条带位置。

（2）用刀片切下含有目的条带的胶块，放入已在天平上称重的 Eppendorf 管中。

（3）在天平上称取胶块的重量，将酚加入管中，按每 0.1 克胶加 0.1 ml 酚。

（4）经漩涡混匀器振荡后，将试管在–70℃放置 1h，使凝胶完全冻结。

（5）37℃水浴中将胶融化后，将试管在漩涡混匀器上振荡。

（6）12 000 r/min 离心 5min。

（7）将上层水相转入另一 Eppendorf 管中，用酚：氯仿：异戊醇再抽提一次。

（8）将收集的水溶液中加入 0.1 倍体积的 3 mol/L 乙酸钠和 2 倍体积的无水乙醇，置–20℃过夜或–70℃ 1～2h。

（9）12 000 r/min 离心 10min，弃上清。

（10）可以将 DNA 溶于适当体积的 TE 缓冲液中，置–20℃保存。

【注意事项】

（1）不论用哪一种方法回收 DNA 片段，都应尽量减少洗脱体积或胶块体积，以便提高得率。如果体积过大，正丁醇可不用水饱和，直接用来抽提溶液，既可去除 EB，又可减小溶液体积，在使用膜片法时，如果胶中 DNA 样品远少于原来估计量，可将凝胶在电泳槽内旋转 90 度，仍将膜片沿电泳方向插在条带的前沿，使 DNA 走到较小的膜片上，从而减小洗脱体积。

（2）不论用哪种方法回收 DNA 片段，一定要除净琼脂糖，在以后的实验中，琼脂糖会抑制酶的活性。

（3）在确定 DNA 条带的位置或监测电泳过程时，应使用长波长（300～360 nm）的紫外灯，以减少对 DNA 的照射损伤，照射时间要尽可能的短，照射距离要尽可能的远。

实验六　DNA 片段的连接反应

【实验目的】 学习 DNA 片段连接方法。为大肠杆菌转化提供重组质粒 DNA。

【实验原理】 见第七章。

【实验材料】 台式高速离心机、保温瓶、微量加样器、Eppendorf 管、Tip 头、10×DNA 连接酶缓冲液、无菌重蒸水、T4 DNA 连接酶。

【操作步骤】

（1）载体 DNA 和目的基因的制备：见实验五和实验六。

（2）连接反应：

1）在一个 Eppendorf 管中，按表 11-6-1 加入各种溶液和试剂。

表 11-6-1　DNA 连接反应中的溶液和试剂

10×DNA 连接缓冲液	载体 DNA	目的基因片段	三蒸水	T4　DNA 连接酶
2 μl	A μl （0.1 μg）	B μl （0.1 μg）	18-A-B μl	0.5μl （1～2U）

载体与目的 DNA 量比关系的摩尔数之比约为 1∶3～5。总反应体积为 20 μl。

2）将反应物置 4～8℃保温瓶中温育 4～16h。样品（连接物）可用于大肠杆菌转化。

【注意事项】

（1）高纯度 DNA 是连接反应成功的关键，要特别注意避免酚、SDS 和胶中杂质的污染。

（2）DNA 一端与另一端的连接可以认为是双分子反应，在标准条件下，其反应速度完全由互补的 DNA 黏性末端的浓度决定。不论末端位于同一 DNA 分子（分子内连接）还是位于不同分子（分子间连接），都是如此。如果反应中 DNA 浓度低，则配对的两个末端同属于同一 DNA 分子的机会较大(因为 DNA 分子的一个末端找到同一分子的另一末端的概率要高于找到不同 DNA 分子的末端的概率）。这样，在 DNA 浓度低时，质粒 DN 重新环化的效率很高。如果连接反应中的 DNA 浓度增高，则在分子内连接反应发生以前，某一个 DNA 分子的末端碰到另一 DNA 分子末端的机会增多。因此，在 DNA 浓度高时，连接反应的初产物将是质粒的二聚体和更大一些的寡聚体。

（3）如果在连接反应混合物中除线状质粒之外，还含有带互补黏性末端的外源 DNA 片段，那么对于一个给定的连接混合物而言，产生单体环状重组基因组的效率不仅受反应中末端的绝对浓度的影响，而且还受质粒和外源 DNA 末端的相对浓度的影响。当外源 DNA 末端浓度大约是质粒 DNA 末端浓度的 2 倍时，有效重组体将得到很高的产量。如果外源 DNA 浓度比载体低得多，有效连接产物的数量会很低，这样就很难鉴别小部分带重组质粒的转化菌落。这种情况下，可考虑采取一些步骤来减少带非重组质粒的背景菌落，如用磷酸酶处理线状质粒 DNA。

（4）外源 DN A 片段和线状质粒载体的连接，须在双链 DN A 5' 端磷酸和相邻的 3' 羟基之间形成新的共价键。如果质粒载体的两条链都带有 5' 磷酸，可生成 4 个新的磷酸二酯键。但如果质粒 DNA 已去磷酸化，则只能形成 2 个新的磷酸二酯键。在这种情况下，产生的杂交体分子中带有 2 个单链切口，当某杂交体导入感受态细菌后，这些切口可被修复。当线状质粒 DNA 去磷酸化后，将难以自身环化。

实验七 用重组质粒 DNA 转化大肠杆菌

【实验目的】 学习将如何将重组 DNA 导入大肠杆菌，为下一步重组体筛选做准备。

【实验原理】 转化是指细菌从周围环境中摄取外源 DNA，将外源 DNA 插入自身的基因组（或外源 DNA 在细菌中能自身复制）从而表现出相应功能的过程。有些细菌如肺炎球菌、芽胞杆菌、流感杆菌等可表达特殊的蛋白质，能够介导 DNA 进入细胞，而且只识别和摄取有关品系的 DNA。其他许多细菌（包括大肠杆菌）则不能摄取有功能活性的外源 DNA。但可通过人为的方法导入 DNA。用 Ca^{2+}处理受体菌（如大肠杆菌）可诱导短暂的“感受态”，处于“感受态”的受体菌获得摄取外源 DNA 分子的能力，从而摄取不同来源的 DNA。DNA 与 Ca^{2+}结合形成的复合物对 DNase 有抗性，该复合物可结合在细菌表面，在 42℃的条件下细菌热休克，促进细菌对 DNA-Ca^{2+}复合物的摄取，提高转化效率。但是，即使在最优条件下，也只能将质粒导入一小部分细菌。可利用质粒编码的筛选标记，来鉴别这些转化子，这些标记使细菌获得新的表型，使成功转化的细菌很容易被筛选出来。

【实验材料】

1. 仪器与器皿 超净工作台、恒温水浴箱、恒温摇床、722S 型分光光度计、台式低温高速离心机、高速低温离心机、三角烧瓶、试管、玻璃涂棒、90-mm 培养皿、Eppendorf 管、Tip 头、塑料离心管、微量加样器。

2. 菌种与培养基 大肠杆菌 DH5α、LB 培养基（不含抗菌素）、不含抗菌素的 LB 琼脂平板、含氨苄青霉素的 LB 琼脂平板。

3. 试剂 100 mmol/L $CaCl_2$、TE 缓冲液（pH8.0）。

【操作步骤】

1. 感受态细胞的制备

（1）将－80℃贮存的大肠杆菌 DH5α 菌种取出，接入含 2 ml LB 培养基（不含抗菌素）的试管中，37℃摇床振荡培养过夜（150r/min）。

（2）取 0.2 ml 上述菌液（OD_{550}≈1.5），转入含 30 ml LB 培养基的三角瓶中，37℃振荡培养约 2.5h（至 OD_{550}≈0.5）。

（3）将培养物转入 50 ml 离心管中，在冰上放置 10min，然后在 2500r/min、4℃条件下离心 10min。

（4）离心后，弃上清液，将细菌重新悬浮于 25 ml 100 mmol/L $CaCl_2$ 中，冰浴 20min，然后在 2500r/min、4℃条件下离心 10min。

（5）弃上清液，将细菌重新悬浮于 0.5～1 ml 100 mmol/L $CaCl_2$ 中，置冰浴 30min 或过夜，不要剧烈振摇试管，不要反复吹打细菌悬液。

2. 转化

（1）准备 3 只 Eppendorf 管：

1 号：阴性对照，100 μl 大肠杆菌感受态细胞；

2 号：样品，100 μl 大肠杆菌感受态细胞+ 3 μl 连接反应混合物；

3 号：阳性对照，100 μl 大肠杆菌感受态细胞+ 1 μl pUC19 质粒（0.1 μg）。

（2）将上述各管冰浴 0.5～1 h。

（3）将各管转至 42℃水浴，1.5min 后，转至室温。

（4）将各管加入 0.8 ml 不含抗菌素的 LB 培养基，在 37℃下温育 1h。

（5）从每管取 0.2 ml 菌液，分别加入 LB 琼脂平板（含氨苄青霉素 100 μg/ml）中，用无菌玻璃涂棒将细菌均匀涂布到整个平板表面。

（6）将平板置室温干燥，然后倒置放在 37℃温箱中培养过夜。

（7）次日观察转化结果，选择合适的单菌落用于后续实验。

【注意事项】

（1）影响转化效率的因素有 Ca^{2+}浓度、pH、感受态细胞活力、DNA 的浓度、纯度及构象。其中超螺旋质粒转化效率最高，而线状 DNA 转化效率最低。将大肠杆菌在按一定形式组合的二价阳离子中暴露更长时间，并且用 DMSO、还原剂和氯化六氨合高钴处理，可使转化效率大大提高。这些试剂的作用机制尚不清楚，而质粒 DNA 进入大肠杆菌感受态细胞的机制亦不十分清楚。转化方法的改进仅仅是经验性的实验结果。

（2）转化实验要求在低温下进行，温度的波动会严重影响转化效率。所有的溶液应在冰上预冷，细菌须始终保持在 4℃以下。

（3）实验中一定要包括下列对照：①用已知量的质粒 DNA 标准制备物转化感受态细菌。②未加任何质粒 DNA 的感受态细菌。

（4）氨苄青霉素抗性的转化子可将 β-内酰胺酶分泌到培养基中，迅速灭活菌落周围区域中的抗菌素。这样，铺平板时密度太高或培养时间太长都会导致出现对氨苄青霉素敏感的卫星菌落。

实验八　含重组质粒的细菌菌落的鉴定

【实验目的】　学习如何鉴定含有重组质粒的细菌菌落，同时选出含有重组 DNA 的转化子。

【实验原理】　鉴定含有重组质粒的细菌菌落的常用方法如下：①α 互补；②小规模制备质粒 DNA 并进行酶切分析；③插入失活；④杂交筛选；见第八章。

本实验介绍小规模制备质粒 DNA 并进行限制酶酶切分析。首先从转化平皿中挑取独立的转化菌落进行小规模的培养，然后从培养物提取质粒 DNA，用限制酶酶切和凝胶电泳进行分析。分析重组 DNA 的酶解产物与载体的酶解产物在同一琼脂糖凝胶中的电泳结果。

【实验材料】

1. 仪器与器皿　超净工作台、培养箱、台式高速离心机、漩涡混合器、−70℃低温冰箱、恒温水浴箱、电泳仪、电泳槽、真空泵、手提式紫外灯、试管、Ep 管、Tip 头、微量加样器、记号笔。

2. 试剂　含 100 μg/ml 氨苄青霉素的 LB 培养基，溶液 I（见第四篇第十一章实验一），溶液II（见第四篇第十一章实验一），溶液III（见第四篇第十一章实验一），TE 缓冲液（pH8.0），加样缓冲液（DNA 凝胶电泳用），10 mg/ml 溴化乙锭，TE 饱和酚，氯仿：异戊醇，70%乙醇，无水乙醇，限制酶及 10×限制酶缓冲液，琼脂糖，TAE 电泳缓冲液，

RNase A 溶液（10 mg/ml）。

【操作步骤】

1. 重组质粒的提取

（1）从转化平皿中挑出 12 个转化子菌落，分别接种到 2.5ml 含有氨苄青霉素（100 μg/ml）的 LB 培养基中，在 37℃条件下振荡培养过夜，约 16～18 个 h。

（2）转移得到的各种菌液 1.5 ml 于 Eppendorf 管中，在台式高速离心机内以 10000 r/min 离心 1 min。

（3）弃上清，把 Eppendorf 管倒立在卫生纸上，吸去管壁上的液体。

（4）加入 100 μl 溶液Ⅰ，在漩涡振荡器上振荡悬浮细菌。

（5）加入 200 μl 新鲜配制的溶液Ⅱ，将 Eppendorf 管盖紧，轻柔翻转数次混匀混合物。使整个管壁都接触到溶液Ⅱ，此过程无需用漩涡振荡器振荡，然后将 Eppendorf 管冰浴 5min。

（6）加入 150 μl 预冷至 0℃的溶液Ⅲ，盖紧管盖，来回翻转，使溶液Ⅲ与黏稠的细胞裂解物混匀，置冰浴 10min。

（7）台式高速离心机 12 000 r/min 离心 5min。

（8）转移上清液 400 μl 到另一 Eppendorf 管中。再加入 4 μl RNase A（1 mg/ml），在 37℃条件下放置 30min。

（9）将酚∶氯仿（异戊醇）等体积加入后，振荡混匀。10 000r/min 离心 2min，转移上清液至新的 Ep 管中。

（10）加入 2 倍体积的无水乙醇，0.1 倍体积的 3M NaAc（pH5.2），振荡混匀，于–20℃静置 10min。

（11）在室温下 12 000r/min 离心 10min。

（12）去除上清液，将 EP 管倒立于吸水纸上吸去所有液体。

（13）加 1ml 70%乙醇，振摇数次，然后再 10 000r/min 离心 5min。

（14）去除所有上清液，在室温下短暂干燥。

（15）加 20μl 的 TE 缓冲液（pH8.0），使沉淀物溶解。溶解后即可用于分析或置于–20℃保存待用。

2. 重组质粒的酶切 按实验四介绍的方法进行重组质粒的酶切实验，同时酶切载体作为对照。

3. 重组质粒的酶切产物的电泳鉴定

（1）将全部样品点样于同一琼脂糖凝胶（溶 1×TAE 的 1%琼脂糖）上。在 50V 电压下，电泳 1h。

（2）观察电泳结果，分析 DNA 区带，是否获得预期结果。

实验九 Southern 印迹法鉴定

【实验目的】 学习 Southern 印迹杂交技术。通过分子杂交，可以鉴定重组 DNA 中插入的外源 DNA，通过 Southern 印迹杂交可以确定插入片段的大小。

【实验原理】 核酸的分子杂交的原理是 DNA 分子的变性和复性作用。当 DNA 被加热到 100 ℃或经碱处理，两条互补链分离，称为变性作用。变性 DNA 在适当的条件下能够通过碱基配对而重新形成双螺旋。这一过程称为复性作用。同样，RNA 和 DNA 的互补链可形成 RNA-DNA 双螺旋杂合体，这就是分子杂交。现在，DNA 探针与其他 DNA 分子中的互补序列形成双螺旋结构亦称为分子杂交。基于这一原理，基因组 DNA 或重组 DNA 中的特定顺序可以用同位素或生物素标记的 DNA 探针进行检测。

本实验中用限制酶 *Hid* Ⅲ / *Xba* Ⅰ消化重组质粒，通过琼脂糖凝胶电泳按大小分离所得片段，随后将 DNA 在原位进行碱变性，并从凝胶转移至硝酸纤维素滤膜（Southern 转移）。DNA 转移至滤膜的过程中，各个 DNA 片段的相对位置保持不变。将固定在膜上的 DNA 与目的基因探针（同位素或生物素标记）进行杂交，经放射自显影（^{32}P）或显色（生物素）可确定与探针互补的电泳条带的位置。所获得的条带可证实与目的 DNA 探针互补的 DNA 的存在。将条带的位置于凝胶中 DNA 标准参照物的位置（电泳后已拍照）进行比较，可以确定 DNA 片段的大小。

【实验材料】

1. 仪器与设备 电泳仪、电泳槽、手提式紫外灯、热封口器、水浴箱、同位素废物箱、搪瓷盘、镊子、剪刀、塑料手套、解剖刀、新华 2 号滤纸（Whatman 3MM 滤纸）、纸巾或吸水纸（如卫生纸）、玻璃板、硝酸纤维素滤膜（0.45 μm）、杂交薄膜、X 线底片、增感屏、曝光暗盒。

2. 样品 ^{32}P 标记的目的基因的探针，*Hid* Ⅲ / *Xba* Ⅰ酶切的重组质粒 DNA。

3.试剂

①1.5 mol/L NaCl，0.5 mol/L NaOH；②1.5 mol/L NaCl，1 mol/L Tris-Cl pH7.4；③20×SSC 溶液；④50×Denhardt′s 试剂；⑤20% SDS；⑥2×SSC，1% SDS；⑦1×SSC，0.5% SDS；⑧0.2×SSC，0.1% SDS；⑨0.1×SSC，0.1% SDS；⑩10 mg/ml 溴化乙锭；⑪加样缓冲液（DNA 凝胶电泳用）；⑫限制酶；⑬10×限制酶缓冲液；⑭琼脂糖；⑮10 mg/ml 鲑精 DNA；⑯甲酰胺。

【操作步骤】

1. 将 DNA 从凝胶转移至硝酸纤维素滤膜（毛细转移作用）

（1）电泳结束后，在凝胶旁放置一透明尺，在紫外灯下拍照，然后将凝胶移至一个搪瓷盘内，在凝胶左上角（加样孔一端为上）切去一角，作为下列操作中凝胶方位的标记。

（2）将凝胶置于 500 ml 1.5 mol/L NaCl，0.5 M NaOH 中浸泡 45min，浸泡过程中轻柔摇动，使 DNA 变性。

（3）将凝胶置于去离子水中漂洗，随后浸泡于 500 ml 1M Tris-Cl pH7.4，1.5M NaCl 中，于室温下温和地振摇，使之中和。

（4）当凝胶仍浸于中和液时，将一叠玻璃放入一个大搪瓷盘，做成一个长和宽均大于凝胶的平台。将一张滤纸放在平台上，倒入 20×SSC 溶液，使滤纸浸透，再用玻棒赶出所有的气泡。

（5）裁一张略大于凝胶的硝酸纤维素膜，注意接触滤膜时须戴手套，使用平头镊子，防止被手接触后滤膜不易浸湿。

（6）将滤膜浮在去离子水中浸透，随后用 20×SSC 浸泡滤膜至少 5min。剪去滤膜的一角做标记，使其与凝胶的切角相对应。

（7）将凝胶翻转，倒置在平台上滤纸和凝胶之间，不能滞留气泡。

（8）用塑料薄膜围绕凝胶周边，但不是覆盖凝胶，防止液流短路，从而防止凝胶中的DNA的转移效率下降。

（9）将硝酸纤维素滤膜放在凝胶上，使两者的切角相重叠。滤膜的一条边缘应刚好超过凝胶上部加样孔一线的边缘。滤膜置于凝胶表面后就不应移动，滤膜与凝胶之间不应留有气泡。

（10）将两张与凝胶大小相同的滤纸在 2 × SSC 溶液中浸湿，将湿润的滤纸放在湿润的硝酸纤维素滤膜上，中间不能有气泡。

（11）切一叠（5～8 cm 高）略小于滤纸的纸巾或吸水纸，将其放在滤纸上，并在纸巾上放一块玻璃板，然后用一个 500 克的重物压实，中间不能有气泡（图 11-9-1）。

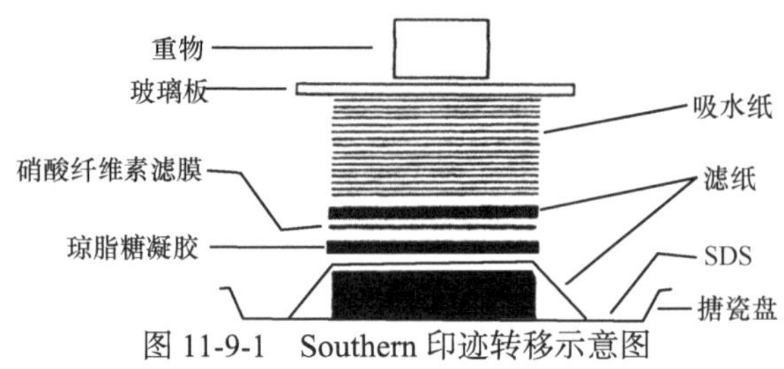

图 11-9-1　Southern 印迹转移示意图

（12）使上述 DNA 转膜过夜，当纸巾浸湿后，更换新纸巾。

（13）转移结束后，揭去凝胶上的纸巾和滤纸，翻转凝胶和硝酸纤维素滤膜，以凝胶在上，置于一张干的滤纸上，并用圆珠笔在滤膜上标记凝胶加样孔的位置。

（14）从硝酸纤维素滤膜上将凝胶剥离，用 6×SSC 溶液于室温浸泡滤膜 5min，除去粘在滤膜上的琼脂糖碎片。

（15）取出滤膜，将滤膜上的溶液吸净后平放于干净滤纸上，于室温晾干 30min 以上。

（16）将晾干的滤膜放在两张滤纸中间，用真空烤箱于 80 ℃干烤 2h，滤膜可用于杂交或保存在真空干燥器中。

2. 与同位素标记探针的杂交反应

（1）配制预杂交液（每平方厘米硝酸纤维素滤膜约需预杂交液 0.2 ml）：10 ml 甲酰胺，2 ml 50×Denhardt's，5 ml 20×SSC，100 μl 20%SDS，2.9 ml ddH_2O（鲑精 DNA 将在变性后加入）。

（2）将预杂交液加入杂交薄膜之前，先预热至 42 ℃。

（3）将表面带有目的 DNA 的硝酸纤维素滤膜放入一个稍宽于滤膜的杂交薄膜，用 5～10 ml 2×SSC 浸湿滤膜。

（4）将鲑精 DNA 置沸水浴中 10min，迅速置冰上冷却 1～2min，使 DNA 变性。

（5）从杂交薄膜上 2×SSC 吸净，按每平方厘米滤膜加入预杂交液 0.2 ml。

（6）加入变性的鲑精 DNA（10 mg/ml），至终浓度 200 μg/ml。

（7）尽可能除净袋中的空气，用热封口器封住袋口，上下颠倒数次使其混匀置于 42℃水浴中温育 4h。

（8）将标记的 DNA 探针置沸水浴 10min，迅速置冰上冷却 1～2min，使 DNA 变性。

（9）从水浴中取出预杂交的杂交薄膜，打开将变性的 DNA 探针加到预杂交液中。

（10）排净袋中的空气，封住袋口，为避免同位素污染水浴，将封好的杂交袋再封入另一个未污染的杂交薄膜中。

（11）置 42 ℃水浴温育过夜（至少 18h）。

（12）在一个塑料盒或塑料袋中洗涤滤膜，不断摇动：

a. 加 250 ml 2×SSC/1% SDS，室温下洗 15min；

b. 加 250 ml 1×SSC/0.5% SDS，室温下洗 15min；

c. 加 250 ml 0.2×SSC/0.1% SDS，于 68℃洗 30min；

d. 加 250 ml 0.1×SSC/0.1% SDS，于 68℃洗 60min。

洗涤后，用手提式监测器测定滤膜的放射性，滤膜上不含 DNA 的部分应当没有信号。

3.　放射性自显影

（1）洗涤后，室温下将滤膜在 0.1×SSC 中漂洗数次，将滤膜放在一叠纸巾上，除去液体。

（2）将湿润的滤膜放在一张塑料薄膜上，用以放射性墨水制作的黏性圆点标签在塑料膜上标几个不对称的点，以便以后校准放射自显影片与滤膜的位置。

（3）用另一张塑料薄膜盖住滤膜，将滤膜装入带有增感屏的曝光暗盒内。

（4）在暗室内，将一张 X 线底片放入曝光暗盒，使之接触滤膜。

（5）将暗盒置–70 ℃冰箱，在–70℃使滤膜对 X 线底片曝光 1～7 天。

（6）从冰箱中取出暗盒，置室温 1～2h，使其温度上升至室温，然后冲洗 X 线底片。

【注意事项】

（1）在 Southern 转移时，DNA 结合于硝酸纤维素滤膜的作用取决于转移缓冲液的离子强度。DNA 片段越小，使其有效地保留在硝酸纤维素滤膜上所需要的离子强度就越高，要使长度小于 500 个核苷酸的 DNA 片段进行 Southern 转移，就需要用 20×SSC。亦可换用尼龙膜，尼龙膜与 DNA 小片段结合的效率高于硝酸纤维素滤膜。

DNA 小片段保留于硝酸纤维素滤膜的效率也取决于滤膜孔径大小。标准的 0.45 μm 孔径的硝酸纤维素滤膜不能保留长度小于 300 个核苷酸的片段。若使用 0.2 μm 孔径的硝酸纤维素滤膜，可改善转移效率。

（2）不同批号的硝酸纤维素滤膜，其浸湿速率相当悬殊，如滤膜浮在水面上几分钟后仍未湿透，应另换一张新膜，因为未均匀浸湿的滤膜进行 DNA 转移是靠不住的。这种滤膜也不应当丢弃，可将其夹在 2×SSC 浸湿的滤纸中间，高压蒸汽处理 5min，这通常足以使硝酸纤维素滤膜湿透，高压处理的滤膜应夹在经过高压并用 2×SSC 浸湿的滤纸中间，装入塑料袋，密封后于 4℃保存备用。

（3）杂交时，杂交液体积越小越好。溶液体积较小时，核酸重结合的动力学较快，且探针需用量亦可减少，使得滤膜上的 DNA 成为驱动反应的因素。然而，要保证滤膜始终由一层杂交液所覆盖，所用的液体必须足够。

即便杂交反应由固定在滤膜上的 DNA 所驱动，仍无需使探针溶液在滤膜上反复流动，但如果多张滤膜同时杂交，则建议不断摇动以防止滤膜互相黏附。

（4）有几种不同类型的试剂可用于封闭探针在滤膜表面上的非特异性结合位点，包括 Denhardt's 试剂，肝素及脱脂奶粉，这些试剂往往与经变性不断裂成片段的鲑精 DNA 或酵母 DNA 以及 SDS 一类去污剂一起使用。通常，使用 5×Denhardt's 试剂，0.5% SDS 和 100 μg/ml 经变性并断裂成片段的 DNA 的封闭剂进行预杂交，可使背景杂交得到完全抑制。

（5）在预杂交和杂交时，可不必更换塑料袋，塑料袋要稍大于滤膜，预杂交后，剪去一角，打开塑料袋，加入标记的探针，塑料袋仍可很容易地用热封口器封口，因为预杂交液或杂交液的体积只有 10 ml，塑料袋不能太大，以使溶液能覆盖滤膜。

实验十 斑点杂交

——地高辛标记核酸探针的斑点杂交（dot blot）

【实验目的】 斑点杂交，可用于定量分析基因表达。通过分子杂交技术，可以鉴定重组 DNA。

【实验原理】 Dot blot 是由 Southern blot 衍变而来的一种核酸杂交法。它是将待测核酸样品直接加在支持膜上固定后使之成为斑点，然后与核酸探针进行杂交，用于分析样品之间的同源性（见第九章）。

【实验材料】

1. 仪器与设备 热封口器、水浴箱、真空烤箱、Eppendorf 管、Tip 头、微量加样器、镊子、剪刀、塑料手套、硝酸纤维素滤膜、杂交薄膜。

2. 试剂

（1）洗膜液：0.1 mol/L 马来酸，0.15 mol/L NaCl pH7.5，0.3%（v/v）Tween 20。

（2）碱性磷酸酶反应液：0.1mol/L Tris-Cl，0.1 mol/L NaCl pH 9.5。

（3）显色液：375μg/ml NBT，188μg/ml BCIP，溶于马来酸缓冲液。

（4）马来酸缓冲液：0.1 mol/L 马来酸，0.15 mol/L NaCl pH7.5。

（5）抗-地高辛-碱性磷酸酶溶液：羊抗 Fab 片段与碱性磷酸酶连接 150mU/ml。

（6）地高辛标记试剂：随机引物，dNTPs（Dig-dUTP），Klenow 酶和缓冲液。

（7）封闭液：1%BSA。

（8）20×SSC：3M NaCl，0.3M 柠檬酸二钠。

（9）50×Denhardt：2%BSA，2%聚乙烯吡咯烷酮（PVP-40），2%水溶性聚蔗糖（Ficoll-400）。

（10）预杂交液：6×SSC，0.5%SDS，0.1mg/ml SSD 小牛胸腺 DNA，5×Denhardt，50%甲酰胺。

（11）杂交液：在预杂交液中加入变性的生物素标记探针。

【操作步骤】

1. 点膜

（1）样品 DNA 变性处理：沸水浴 10min 后，快速置于冰上。

（2）取硝酸纤维素滤膜一张（大小视具体情况而定）。铺在一绘有小方格的纸上，以确定点样位点，每格中样品 DNA 最多能加 10μl。加样也可分多次进行，待前一次样品干燥后再加第二次，每次约 1～2μl，这样可避免斑点扩大。

（3）待样品干燥后，夹在二张纸之间，80℃烘干 2h。即可用于杂交。

2. 地高辛标记核酸

（1）1μg 模板 DNA 15μl，沸水浴 10min，快速置于冰上。

（2）摇匀地高辛标记试剂，取 5μl 加入已变性的模板 DNA 溶液中，混匀后短暂离心，37℃水浴 1～16h。

（3）加入 2μl 终止液（0.2M EDTA，pH 8.0），终止反应 [或直接到 3（6）步骤]。

3. 分子杂交

（1）取出干烤后保存滤膜，在三蒸水中浸湿。

（2）将滤膜放入杂交袋中，袋子要留出空隙，用塑料封口机封住一边，留一边加液体。

（3）将预杂交液先在 68℃预热，加入到杂交袋中，用封口机封住另一边，体积：20ml/100cm^2。

（4）在 68℃下预杂交 2～16h。

（5）在杂交袋上剪个小口，倒出预杂交液。

（6）加入变性探针封口（探针使用前需变性处理）。

（7）68℃杂交过夜，中间摇动几次。

（8）取出杂交液，存放在 4℃以下，可重复使用 2～3 次。

4. 杂交信号的免疫检测

（1）将杂交后的硝酸纤维膜置入盛有适量 2×SSC，0.1%SDS 溶液的瓷盘中，室温漂洗 2 次，每次 5min，弃去溶液。

（2）加入预热的 0.5×SSC，0.1%SDS 溶液，68℃漂洗 2 次，每次 15min，弃去溶液。

（3）加入适量洗膜液，室温漂洗 5min，弃去洗膜液。

（4）加入适量封闭液，室温静置 30min，弃去封闭液。

（5）加入适量抗-地高辛-碱性磷酸酶溶液，室温静置 30min，回收反应溶液。

（6）加入适量洗膜液漂洗硝酸纤维素膜 2 次，每次 15min，弃去洗膜液。

（7）加入碱性磷酸酶反应液，静置 5min，弃去反应液。

（8）将适量的显色反应液滴加到硝酸纤维素膜上，在暗处静置 0.5～16h。显色后，用水洗净硝酸纤维素膜。

（张　颖　孙　军　袁　萍）

参 考 文 献

郭尧君.2001.蛋白质电泳实验技术.北京：科学出版社

刘志国，屈伸.2003.江阴克隆的分子基础与工程原理.北京：化学工业出版社

卢圣栋.1999.现代分子生物学实验技术.2 版.合肥：中国协和医科大学出版社

萨姆布鲁克 J，拉塞尔 DW.2008.分子克隆实验指南. 黄培堂,等译.3 版.北京：科学出版社

孙军.2008.医学生物化学与分子生物学实验.武汉：华中科技大学出版社

汪家政，范明.2002.蛋白质技术手册.北京：科学出版社

王淳本.2003.实用生物化学与分子生物学实验技术.武汉：湖北科学技术出版社

魏春红，门淑珍，李毅.2012.现代分子生物学实验技术.2 版.北京：高等教育出版社

杨安钢，刘新平，药立波.2008.生物化学与分子生物学实验技术.北京：高等教育出版社